高等职业教育服装专业系列教材

服装美学

第三版

刘蕾 侯家华 ◎ 主编

FUZHUANG
MEIXUE

化学工业出版社
·北京·

内容简介

服装美学是服装艺术类课程中重要的课程之一,它既属于普通的美学范畴,又遵循服装艺术与服装审美的特殊规律。本书结合服装专业的教学需求,主要介绍了美学的基本理论、服装设计美学原理、服装美的表现形式、服装美学的美感与心理、服装穿着的美学理念、服装审美体系、服装审美变迁的影响因素、服装艺术创作风格、中国服装美学体系共九个章节的内容。本书不但在理论上进行了详细的论述,而且运用了大量的图片和实例,更加直观地将理论运用于实践之中,便于学生掌握,实用性较强。

本书适合职业院校服装专业学生使用,同时也可作为其他相关专业选修课的参考教材,还可供爱好服装设计的读者阅读参考。

图书在版编目(CIP)数据

服装美学/刘蕾,侯家华主编. —3版. —北京:化学工业出版社,2024.7
ISBN 978-7-122-45483-6

Ⅰ.①服… Ⅱ.①刘…②侯… Ⅲ.①服装美学
Ⅳ.①TS941.11

中国国家版本馆CIP数据核字(2024)第080522号

责任编辑:蔡洪伟　张　龙　　　　　　　　装帧设计:史利平
责任校对:李露洁

出版发行:化学工业出版社(北京市东城区青年湖南街13号　邮政编码100011)
印　　装:天津市银博印刷集团有限公司
787mm×1092mm　1/16　印张7½　字数181千字　2024年8月北京第3版第1次印刷

购书咨询:010-64518888　　　　　　　　　　　售后服务:010-64518899
网　　址:http://www.cip.com.cn
凡购买本书,如有缺损质量问题,本社销售中心负责调换。

定　　价:48.00元　　　　　　　　　　　　　　　　　版权所有　违者必究

第三版前言

近年来，随着人们的物质和精神生活水平的不断提高，人们的着装观念有了很大的改变，追求时尚，追求美感。服装的面貌日新月异，变化很快。因此研究服装美、研究服装美的表现形态、探索服装美的创造规律成了人们的重要需求。服装美学是随着服装学科的逐步发展而形成的一门专业理论课。它以理论讲授为主，主要讲授美学原理和服装美学方面的知识，使得学生在服装设计的基础上，能够有较高的理论水平指导。

本次修订，以"实用和创新"的理念为主，介绍了服装美学的基本理论、服装设计美学原理、服装美的表现形式、服装的美感与心理、服装穿着的美学理念、服装审美体系、服装审美变迁的影响因素、服装艺术创作、中国服装美学体系等共九章内容。在教材的编写修订中，注重相关知识的时效性，将理论知识进行了更为严谨的更新，图片也进行了替换，引入了新的科技手段和企业案例，注重流行趋势的应用。在掌握服装美的基本演变规律的基础上，熟悉服装美的各种基本创作方法，提高对服装的审美感知能力和表现能力，并能够灵活运用所学的美学知识，提高自己的美学素养，装扮自己的外观形象。本书内容全面，理论性强，有一定的广度和深度。书中图文并茂，实例丰富，避免了单纯讲授理论知识使学生学习起来枯燥乏味的特点，使高深的理论通过深入浅出的转化，更加直观，便于学生掌握。书中加入了二维码链接的微课、视频学习资源，可以运用手机扫码学习，实用性较强，通俗易懂。本书适合高等院校服装专业学生使用，同时也可作为其他专业选修课的参考教材，还可供爱好服装设计的读者阅读参考。

本书由刘蕾、侯家华主编，田金枝、刘云云、周春梅任副主编。本书各章分工如下：第一章、第二章、第四章、第七章，刘蕾；第三章、第五章、第九章，田金枝；第六章、第八章，刘云云。周春梅负责文献资料的收集和部分内容的编写，刘蕾、侯家华统稿。

多年来，在本书的编写、出版过程中，化学工业出版社和有关院校的领导、老师们给予了大力的支持和帮助，在此表示衷心的感谢。

本教材由于编者水平有限，不妥和不足之处在所难免，恳请各位专家和广大读者朋友提出宝贵的意见，以便我们进一步改进。

编者
2024年3月

目 录

第一章　美学基本理论　　1

第一节　美学的起源　　2
　一、西方美学的起源和发展　　2
　二、中国美学的起源和发展　　4
第二节　服装美学的含义和性质　　5
　一、服装美学的含义　　5
　二、服装美学的性质　　5
第三节　服装美学的特点及作用　　7
　一、服装美的基本特征　　8
　二、服装美学的教育作用　　9
思考与练习　　11

第二章　服装设计美学原理　　13

第一节　服装设计的价值体现　　14
　一、服装设计的审美价值　　14
　二、服装设计的实用价值　　15
第二节　服装设计的基础　　16
　一、设计者的综合修养和创造力　　16
　二、设计者的美术基本功　　16
　三、掌握运用信息情报　　19
第三节　服装设计的形式美法则　　20
　一、服装的造型　　20
　二、服装的色彩　　25
　三、服装的质感　　30
思考与练习　　31

第三章　服装美的表现形式　　33

第一节　服装表演　　34
　一、服装表演的历史　　34
　二、服装表演的形式　　36
第二节　服装的流行　　37
　一、服装流行的含义　　37

目 录

  二、服装流行的特点 38
  三、服装流行的因素 40
第三节 服装品牌 41
  一、服装品牌的概念 41
  二、服装品牌内容 42
  三、服装品牌的销售 44
思考与练习 45

第四章 服装美学的美感与心理 47

第一节 服装心理学基本理论 48
  一、服装心理学的研究对象 48
  二、服装心理学的意义 48
  三、服装行为与社会心理 49
第二节 服装美感与心理 51
  一、服装美感心理的性质与特点 51
  二、服装美感心理的产生 52
  三、服装审美心理学 54
  四、服装色彩与心理 55
  五、服装的穿着与审美心理 56
思考与练习 57

第五章 服装穿着的美学理念 59

第一节 自我形象塑造 60
  一、美学意识 60
  二、艺术表现欲及个性的流露 60
  三、流行时尚趋势的把握 61
第二节 服装的最佳选择 62
  一、审美观念 62
  二、个人审美趣味 62
  三、完美形象的塑造 65
第三节 服装搭配艺术 65
  一、服装搭配艺术 65
  二、服装色彩的搭配艺术 66
  三、服装与佩饰 68
思考与练习 69

目 录

第六章 服装审美体系　　71

第一节 服装审美的基本理论　　72
一、服装审美的含义　　72
二、服装审美的特性　　73
三、服装审美的感觉和知觉　　75
四、服装审美的价值　　76

第二节 审美体验　　77
一、审美体验的含义　　77
二、审美体验的性质和特征　　78
三、审美体验的心理基础　　79

思考与练习　　79

第七章 服装审美变迁的影响因素　　81

第一节 思想与政治因素　　82
一、思想价值因素的影响　　82
二、政治因素的影响　　83

第二节 社会与文化因素　　85
一、社会因素的影响　　85
二、文化因素的影响　　85

第三节 科技与经济因素　　87
一、科技因素的影响　　87
二、经济因素的影响　　88

思考与练习　　89

第八章 服装艺术创作风格　　91

第一节 服装艺术创作的含义　　92
一、艺术创作的含义　　92
二、服装艺术风格的成因　　94

第二节 服装艺术创作的方法和风格　　94
一、服装艺术的古典风格　　94
二、服装艺术的梦幻风格　　96
三、服装艺术的抽象风格　　96
四、服装艺术的职业风格　　97

思考与练习　　100

目 录

第九章　中国服装美学体系　101

第一节　中国传统服装美学　102
　　一、中国传统服饰的意涵　102
　　二、中国传统服饰特点　102
　　三、中国古代妇女服装　104
　　四、中国古代妇女的梳装　105
第二节　中国历代的服装美赏析　107
　　一、先秦时期的服饰　107
　　二、秦汉时期的服饰　107
　　三、南北朝服饰　108
　　四、隋唐五代时期的服饰　108
　　五、宋朝时期的服饰　108
　　六、辽金元时期的服饰　108
　　七、明朝时期的服饰　109
　　八、清朝时期的服饰　110
思考与练习　111

参考文献　112

第一章　美学基本理论

- 第一节　美学的起源
- 第二节　服装美学的含义和性质
- 第三节　服装美学的特点及作用

学习目标

1. 了解中西方服装美学的起源和发展。
2. 掌握服装美学的性质以及特点。

第一节 美学的起源

一、西方美学的起源和发展

1750年，德国哲学家亚历山大·戈特利布·鲍姆嘉通第一次提出"Aesthetics"即美学之后，就标志着美学作为一门学科正式诞生了，鲍姆嘉通被誉为"美学之父"。

美学原本是哲学的一个分支，是哲学家族中一个积极活跃的成员。作为一门学科，它尽管是在18世纪确立起来的，但是，美学思想以及对于美学思想的研究与描绘，在人类历史上却早就出现了。人类从社会审美实践经验中产生了最初的自我反思和自觉总结，形成了相应的观念形态的美学思想。

西方美学思想首先从意大利文艺复兴时期产生，本时期大约自14世纪中期至19世纪初期为止。西洋的文艺复兴一般指的是："欧洲15世纪后期至16世纪的一个时期，当时意大利对于艺术、文学和学术的复兴，也是一种强调'人本主义'的复苏"。西方美学大体经历了五个发展阶段，并且在各个阶段分别出现了占主导地位的美学形态，即本质论美学、神学美学、认识论美学等。本质论美学是古希腊时期形成的以美的本质为中心的美学传统。本质是古希腊思想家提出的，认为事物总存在着它之所以如此的核心原因，这就是本质。它有两个特征：一是认定美的本质问题在美学中具有优先地位；二是主张本质问题存在于一切美学问题中，是美学的基础问题。如柏拉图认为在美的现象背后存在着一个终极的美的本质——"美本身"，即"美的理念"。"美的理念"是各种存在的美的现象得以发生存在的终极根源。神学美学是盛行于欧洲中世纪的、以基督教神学为主宰的美学。它把本质论美学与基督教神学连接起来，认为世界的美来源于万能的上帝的创造。神学美学是西方美学被神学主宰的产物。认识论美学是欧洲17世纪发生"认识论转向"以来到19世纪的以理性问题为中心的美学。"认识论转向"是指17世纪欧洲哲学中出现的以人的理性觉醒取代神学统治的潮流，它不再相信人的知识是来源于上帝，而是来源于人凭借理性对世界的观察和分析。

文艺复兴时期的美学概论，大致上仍然保存中世纪的理论大纲，并以这些观念作为发展的基础。这时期几个具代表性的理论强调："美是良好的比例""美重视各部分的和谐一致、秩序""美使人感受愉快的性质"。在文艺复兴时期的主流观念中认为"美是一种能唤起心灵和感觉，并使身心恍惚的一种能力，强调美是一种客观的观念，而且它是与生俱来的"。到了启蒙运动时期，美学的"主观主义"势力开始抬头。他们放弃再去追求美的普遍法则和原理，代之而起的是致力于美感现象的心理基础，因而出现美观的概念，重视想象、品位、联想等。

文艺复兴时期重要的代表人物有：

① 休谟，他用心理学的分析方法，探讨"美的本质"与"审美的趣味的标准"。关于"美的本质"，他认为"快感和痛感是美与丑的本质"。关于"审美的趣味的标准"，他认为

"审美的趣味就是鉴赏力或审美的能力"。

② 鲍姆嘉通,他在《美学》一书中为"美学的对象"下了定义:"就是感性认识的完善,这就是美;若与此相反的就是感性认识得不完善,那就是丑"。

③ 康德,他认为审美的活动应该归于判断力,而不归于单纯的感官;审美判断的主要内容是情感(快感)而不是概念。

④ 黑格尔,他对美的定义是"美是理念的感性的显现"(图1-1)。

18世纪以后,随着欧洲工业革命的发展,自然科学、哲学、伦理学、心理学和文艺学等近代学科进入了逐步形成和发展的时期。尤其是与美学密切相关的哲学,自近代以来发生了认识论转向,为美学学科的建立提供了必要的历史条件。正是在这样的历史条件下,鲍姆嘉通在自己的哲学体系中,第一次把美学和逻辑学区分开来。在严格规定了逻辑学的研究对象是形成概念和进行推理的抽象思维的同时,也给美学规定了自己独特的研究对象。并写出了美学专著,初步形成了美学学科的基本框架以及探讨了美学的一些基本问题。故此,美学学科诞生,而鲍姆嘉通也因此成为美学之父。

▲ 图1-1 文艺复兴时期的服装

鲍姆嘉通是德国普鲁士哈利大学的哲学教授。他关于美学的主要观点集中在两个方面,一是他把美学规定为研究人感性认识的学科。鲍姆嘉通认为人的心理活动分知、情、意三方面。研究知或人的理性认识有逻辑学,研究人的意志有伦理学,而研究人的情感即相当于人感性认识则应有"Aesthetic"。"Aesthetic"一词来自希腊文,意思是"感性学",后来翻译成汉语就成了"美学"。1750年鲍姆嘉通正式用"Aesthetic"来称呼他研究人的感性认识的一部专著。他的这部著作就被当作历史上的第一部美学专著。二是鲍姆嘉通认为:"美学对象就是感性认识的完善"。

▲ 图1-2 20世纪西方的服装

19世纪至20世纪,对于美的解释倾向于主观主义的浪漫主义,以及出现了倾向唯物主义观点的客观主义来加以解释的理论(图1-2)。20世纪后,最具影响的代表人物是克罗齐和弗洛伊德。克罗齐被人称为"新黑格尔主义者",但他实际上抛弃了黑格尔的理性主义和辩证法,把自己的美学理论建立在直觉的基础上。他的基本思想是:"直觉是情感的表现,直觉即艺术;美就是成功的表现"。弗洛伊德的精神分析学深刻地影响了美学的发展,他从心理学角度的精神分析学来探讨美学的本质,使得研究美学的发展向前迈进了一大步。20世纪中后期,新兴起一些西方的哲学流派,大都有自己的美学观点和艺术理论如结构主义、后现代主义以及解构主义等,对当代西欧美学的发展带来了重大的影响。

二 中国美学的起源和发展

中国的传统美学萌芽于西周末期。先秦是中国美学产生的时期,先秦的美学思想包含了后世美学全面发展的萌芽。其中最重要的是以孔子为代表的儒家美学,论述了美和善的统一,极端重视审美和艺术作为陶冶人的情操,提高人的道德作用。将审美和艺术限定在宗法、伦理、政治所允许的范围内,对美和不美的判断以是否有利于法制统治为标准。唐宋时期,出现了新的美学思潮,尚"传神"主"写意",表现人物的内心世界的艺术趣味日趋流行。"以禅喻诗",借鉴禅宗佛学的有关内容,以探讨审美和艺术心理特征的风气盛行。明清时期出现了强调"神韵""格调""肌理""阳刚之美和阴柔之美这两类美的形态说"的美学思想。

中国现代美学从王国维始,于古今转换的大变关头,受西方与日本的双重影响,得到学术与文化的相互渗透,产生了一花(美学)开四叶(四种基本模式)的景观:一是梁启超的社会学模式,要求美学为政治服务,服务于中国现代性的国民性转换,让中国人民由臣民变成新民;二是蔡元培的教育学模式,把美育作为现代性人格培养的一个重要方面,以美育代宗教,让美成为中国现代性的人生境界;三是朱光潜的现象学模式,朱光潜摘取西方心理学美学诸流派的思想,融距离说、直觉说、内摹仿说、移情说为一完整体系,让人们明白在现实中如何才能获得美;四是宗白华的文化学模式,把中国古代的各门艺术(诗、书、画、乐)与哲学思想联系起来,并在这种统一性中突显出中国文化的特质,进而把中国艺术与西方艺术的差异从文化的角度进行比较。宗白华模式其实内蕴了两种向度:美学史和比较美学。

中西文化的碰撞、融合既是中国现代美学产生、发展的文化背景,又是中国现代美学理论建构的思想资源。中国现代美学的特征及其价值、意义,不仅要从政治、经济里寻找原因和根据,还要从文化那里寻求答案。文化兼有客观与主观二重性,它的外形式是客观的物质存在,而其内形式却是主观心理(文化心理结构),它的本质是精神性的,因而它的作用只有通过个体的心理活动才能发挥出来。文化与一切学术活动、艺术活动、审美活动的关系最为直接、密切。

美学是一个跨学科的学问,它可以不断地从各个方面被言说、讨论、研究、突破。美学原理至少要讲好四个问题:一是审美现象学,这与朱光潜模式相关;二是审美类型学,这与王国维、宗白华、朱光潜理论都有关;三是审美文化学,这与宗白华模式相关;四是形式美,这涉及非常广的领域。虽然这四个问题都在前人的讨论之中,更在世界主要文化的理论资源之中,但如何综合,将是一个需要经过异常艰苦努力才做得好的事。

第二节　服装美学的含义和性质

一、服装美学的含义

美学是一门现阶段颇为引人注目的科学，是针对美、艺术、审美经验三者为主，以自然美、社会美、艺术美为研究对象，研究人的各种丰富而复杂的审美意识、审美感受、审美教育的一般规律的多边性人文学科。美学通常也被称作为有关美的哲学，是以对美的本质及其意义的研究为主题的学科。美学是哲学的一个分支。研究的主要对象是艺术，但不研究艺术中的具体表现问题，而是研究艺术中的哲学问题，因此被称为"美的艺术的哲学"。美学的基本问题有美的本质、审美意识同审美对象的关系等。

所谓"美"，不只是具有美之性质的一切事物，也包括美的本身；至于所谓的"艺术"也不只是安置的艺术品，还包括一切由人工有意识制造出来的事物。"美学"其宗旨是透过以哲学的研究方法和精神，来发掘"美的本体""艺术的本质"，以及"审美的经验"。美的含义可以分为日常生活的美和美学理论中的美。日常生活中美的含义就是好看的、好听的、令人满意的东西，或是美好的事物等。美学理论的美有狭义和广义之分，狭义的美指一种与崇高并列的美学范畴，也称之为优美。广义的美指一切具有审美价值的事物，或一切具有审美价值的事物所共有的本质，相当于美的本质、审美价值和审美对象。

哲学美学又可以分为文艺美学和技术美学。文艺美学包括文学、艺术学两个门类。文学用语言、情节来塑造作品，艺术用线条、色彩、声响、动作来塑造形象，共同创造出美学的形式，如优美、壮美的上位概念及丑、滑稽以至于卑劣的下位概念等。实用美学，则是与科学技术相联系的美学，也称为技术美学，它给人类生活带来的是美好的、愉快的、幸福的感受。

在社会生活中，"衣、食、住、行"，衣是四大要素之首。在满足了"民以食为天"的基本生存条件之后，美的生活应该先从服饰入手。服装，研究如何穿戴打扮能更准确地体现出人的美感，通过服装可以了解一个社会的文明程度。服装是现代人精神状况的体现，是美化生活、美化社会的一个组成部分，成为衡量个人生存方式和生活方式的主要尺度。

服装美学是研究审美对象、审美意识的特征、本质、规律，以及揭示审美对象、审美意识发生、发展的历史线索的科学，是对服装材料、服装设计、服装制作、服装穿着等所体现出的美学问题的思考。它既属于普通美学范畴，又具有服装艺术与服装审美的特殊规律。

二、服装美学的性质

人类的服装，实际上有两大功能，既实用功能与审美功能。实用功能也就是物质功能，满足人们的生理需要，如服装可以保护身体，可以御寒防暑。审美功能是精神功能，美化自己、美化生活，满足人精神世界的需要。服装美学具有两大特性：一是实用性（适用性、功能性）；二是审美性（观赏性、精神性）。服装设计是一种与实用功能保持重要关系的主观精神活动，以穿着实用性为基础。服装不能是摆设的花瓶、陈设的装饰品。挂在商场展示橱里的模特身上的服装，无论服装的色彩和款式多漂亮，都是无法体现服装美的真正意义的（图1-3）。人们看见的只是衣服的形态，是服装美感的部分的展示，是服装美感的外表的部分。服装只有通过与人体的结合，发挥穿着的使用功能，与人的精神相协调，才是服装美评判的形象，离开了穿着的主体就难以实现服饰美。"服装的美"是不能脱离人体而单独存在的，任何具有形式美感的服装，只有与之相应的人体形式与气质表现相融洽时，服装内涵的形式美才能被引发出来（图1-4）。服装美学的基本要素是实用和审美的辩证统一，是衡量服装优劣的准则。实用服装，是为实用服务的，装饰是有限的。创意服装是以装饰为主要目的，装饰是第一位的。

▲ 图1-3 橱窗展示

▲ 图1-4 服装穿着形态

服装的功能性研究，服装具有多种功能：

① 服装是人类生活的必需品，具有防寒保暖的功能，能有效地阻止人体表面皮肤的热量向外散发。

② 服装具有隔热防暑的作用，一些特殊面料的服装有很好的防辐射和隔热功能，随着生活水平的提高，人们对一些环保的，具有防辐射功能的服装的需求越来越多。

③ 服装具有调节湿度的作用，人们用一些透气性、吸湿性良好的材料制作服装，能及时调节和保持衣下空气层的湿度，使人感到舒适。

④ 服装具有防风、防雨的作用，穿着防水性能良好的服装，能使人体免受雨水的侵袭，保护身体的健康。服装还能够保护皮肤免受灰尘和泥土沾污，免遭蚊虫叮咬，以及外力伤害。

从哲学的意义上讲，实用价值来源于原始生命力在现实生存中的实现和延续。审美价值来源于人类在精神上对未来的追求，是感性力量外在的表现形式。服装的实用功能是服装的适宜性。而服装的审美形式是以感性的方式出现,实现人自身对最佳生存方式和精神的追求,是人类情感、生命力以及希望的表达和寄托。创意服装的美感体现在人类突破实用功能走向未来的进取性,给实用服装以刺激和新的要求,促进实用服装的发展。两者互补,发展服装设计的创造和构想,是服装造型艺术的特性(图1-5)。

▲ 图1-5 创意设计

第三节 服装美学的特点及作用

  美是研究人对自然现象、社会现象和艺术现象的审判标准。现代美学把美的现象形态大体分为自然美、社会美、艺术美、形式美等。服装的美感类型有和谐、衬托、简洁、点缀、强调、个性及整体。人们对服装审美的意识既反映个人的审美思想,又反映社会的审美标准,二者有时是相互统一的,有时则是相互制约。人们对服装审美的意识,包含人们对服装的选择、试穿和评议等活动,从而得出服装美的评判结果。俄国美学家车尔尼雪夫斯基所说:"在人身上美极少是无意识的,不关心自己的仪表的人是少有的。"
  服装的美感是相对的,个人的审美思想与社会的审美意识本身就是相对的。美感作为艺术审美是不可缺少的属性,使人通过欣赏和实践得到心灵的快感,引起人的审美感受,使之成为审美的对象,才能发生审美的评判关系,让服装具有艺术审美的价值。服装审美所产生的价值,不管是个人穿着还是社会观赏,都是对人本体精神的表现。人的本体是衡量一切美感价值的最终标准。服装美学的审美价值不仅与每一个人的审美判断力有关,而且还与整个社会文化水平有密切的关系。随着时代的变迁、政治制度的变化,人们的审美水准发生变化,进一步促进了服装艺术的创造。

一、服装美的基本特征

1. 服装美的形象具有感染力

形象是美的载体,离开了形象,美就失去了生命和寄托。服装美的形象离不开线条、色彩、形体等感性形式,只有通过和谐的感性形式及组合,作用于人的感觉器官,事物才可能给人以美的感受。在艺术的创造中,要注重个性的特征,现代服装产品要想在艺术上独树一帜,就要具有独特的风格和形象(图1-6)。

关于服装美

2. 服装美具有社会性和功利性

人们在生活中,任何社会实践都具有目的性和功利性,服装美也不例外。人类的创造是先具有功利性,对自己有益,然后才成为美的。服装设计既有穿着者实用上的功利性,又有陶冶情操的精神功利性,既有生产企业经济上功利性,又有美化人们生活的社会功利性。

3. 形式要素是构成服装美的条件

服装的形式美法则是人类创造美的过程中对形式规律的经验的总结,是劳动的产物也是历史文化的产物。人类在审美的过程中,运用并发展了形式感,如一件服装,领型、袖型、口袋等是基本要素,它们的组合就符合一定的艺术构成法则(图1-7)。

▲ 图1-6 服装形象的感染力

▲ 图1-7 服装的形式美法则

二、服装美学的教育作用

1. 服装是文化的集中表现

当人们进入一个陌生区域的时候，留下最初的印象是城市的建筑、人群的着装等。其中人群的着装所能体现的文化内涵和审美趣味，也能反映人们的文化素养和精神风貌。服装如实地反映了一个时代的社会文化背景，它直接受到生产力与意识形态的制约。由很多人组成的人群的着装风格就构成了一个区域的文化特征。服装集中体现了国民文化的内涵。

2. 服装美学的社会教育与自我教育的过程

社会审美教育是美化生活、提高个人的文化形象，促进服饰形象的标准在原有的基础上不断提高的重要手段。其方法是利用新闻刊物、音像资料和有关的教材，宣传并讲授服装文化的规律与原理，使人们在潜移默化中接受服装的美学知识，提高自我形象设计的能力。

服装是人类生活的需要，可以反映出人的心理和生理的内部需要，并且成为个人行为不断向前发展的动力。要想提升服装的审美趣味，就要恰当的选择服装，并且通过服装更好地衬托出个人特有的风度。

在服装的审美教育中，服装表演起着示范的作用，时装表演是最接近于生活的舞台艺术。时装对人们生活中的着装、服饰起到重要地引导作用，最主要的还是指时装表演中的动作取之于生活，忠实于生活，并且要高于生活。模特们在台上表演时，为了表现出服装的灵性和内涵，需要将个人良好的气质与风度融于服装的展示动作中，需要将服装在不同环境中的风韵、特点表现在动作上。因此，就必须要表现出在正常生活中最兴奋、最轻松、最大方、最神采奕奕的精神风貌。时装表演中的动作就是将生活中的动作加以改造、修饰、提高、美化，再将它们自然流畅地在表演中表现出来，使动作既源于生活又带有艺术特点，形成模特专有的形体语言（图1-8、图1-9）。

3. 流行与个性化

时装流行是人类服装文化流变中的必然产物和客观存在。着装者追求个性化是人类高度文明的标志。越是在边远的城市中就越容易较长时间保持着稳定的服装。相对而言在人的自我意识和自我形象欲表现较强的大都市，服装不容易停滞不前。社会越向前发展，人们着装的个性化要求就越强烈。时装的流行是一种文化现象，它根源于人类求新以及自我否定和自我超越的天然的心理趋向，是人类文化的一种创新。追求个性化可以在流行的总趋势下进行。

服装流行的原因：服装是人类美化自身、显示自我的重要表现形式。群居于社会的人，潜意识里都会有一种显示自我的愿望，这种愿望促使人们注意自身服装的美化和更新。群居

▲ 图1-8 时装表演现场

▲ 图1-9 时装表演

于社会的人又需要一种社会认同的归属感和安全感，这种需要会促使人们去模仿大多数人推崇的服装。人们的这些愿望和需要是服装流行的重要心理原因。任何个人都不能创造流行，而只能探索流行、顺应流行。新的服装总是以新颖的、不同于陈旧的形式出现，而这种形式又不能超出社会所能接受的程度。如果由少数人倡导的服装与当时当地人们的审美习惯、审美理想、行为规则、传统习俗相距甚远，是不可能得到多数人推崇并形成流行的。

服装的流行受社会生产力与人类审美心理的制约和影响。社会生产力是服装流行的基础，随着社会生产力的高度发展，服装流行的周期会越来越短，服装流行的表现形式也会越来越丰富。服装流行还会受到交通条件和信息传媒的影响。流行是一种不断传播的社会现象。交通便捷、信息发达的地区，容易成为流行的发源地，而交通、信息相对封闭、落后的地区，往往只能被动地接受流行。

4. 服装美与生活

服装的艺术美来源于生活美，但又高于生活，在创造服饰美的时候，服装设计者需要把握人类对生活美的具体需求，只有深入到社会生活中，了解产品定位对象对生活美的具体追求，才能创造生活美。

人们在创造着生活美的同时也创造着环境美。环境美是指个人的家庭环境、工作环境及休闲娱乐环境等具体的环境美。环境是服装设计的重要依据。

在生活节奏加快的今天，服装的款式不断更新，流行色变化频繁，服装的审美尺度也在不断变化，服装美学的价值也随着社会的发展而发展，伴随着人们的审美观念在变化。因此服装的审美标准是具有相对性的，时间上是相对的。服装美学自身独有的特点就是不断地推陈出新。

5.服装美学的学习方法

（1）培养抽象思维能力和形象思维能力

人类对知识积累的过程是一个从具象走向抽象的过程。抽象思维能力主要是指对思维方法、思维形式、思维规律掌握和运用所应具备的对概念的理解、判断、推理和运用能力。形象思维就是运用形象材料和表象，通过对表象的加工改造进行思维。形象思维有很多时候表现为创造性思维，如对形象的重新排列组合、类比、联想、想象等均富创造性。形象思维在文艺创造、服装设计等方面都发挥着创造性的作用。培养和训练形象思维能力，主要措施包括：一是培养观察力；二是培养想象力，培养再造想象、科学想象和创造想象的能力；三是培养空间想象力；四是培养表达能力。

（2）注意美学的发展脉络

系统的学习美学和服装美学的相关知识，了解它们的发展历史，通过比较、分析美学的起源及不同流派的观点，丰富我们的美学知识，培养独特的美学思维方式。服装美所具有的发展历程也包含在美学的发展过程中。

（3）注重理论和实践的结合

服装美学要与服装艺术创作实践相结合。普通的美学知识比较抽象，因此在学习的过程中要将自己和他人欣赏及评价服装艺术的实践相结合。学好服装美学的关键是对服装专业的理论知识牢固掌握，而且要结合现实生活，了解生活和美化生活，按照美学的基本思路和方法，提炼和积累服装美学的经验，理论和实践相结合。

（4）培养独立思考的能力和勇于创新的精神

学习美学要尊重美学的知识体系和框架，不断总结和提炼服装问题的特殊性。在学习中要克服单向思维和习惯思维的影响，系统的、辩证的分析服装美学的相关问题。要在实践中不断地总结创新。

思考与练习

1. 了解中西美学的起源和发展，归纳出各自的特点。
2. 掌握服装美学的含义和特点，充分体会和归纳出学习服装美学的作用，并举实例说明。
3. 结合服装设计作品，谈谈学习服装美学的目的和意义。

第二章　服装设计美学原理

- 第一节　服装设计的价值体现
- 第二节　服装设计的基础
- 第三节　服装设计的形式美法则

学习目标

1. 了解服装设计相关的基础知识。
2. 掌握服装设计的形式美法则。

第一节　服装设计的价值体现

一　服装设计的审美价值

我国有史以来就具有瑰丽的服饰文化，且各具特色。经过时代的演变，已从过往着装的保守发展为今日的追逐时尚，现代人类对服饰要求远远要超过它的实用价值，不再单纯以保暖作为主要需求。审美观念也正在发生翻天覆地的转变，因此服装设计的审美价值引起了社会广泛关注。即使普通的衣服，我们也要尽量地体现它的审美价值。服装设计的审美价值具体体现在具有个性特点，符合时代变化发展特征的需求，能给人们带来强烈的审美感受。

服装作为人类文明的产物，从一开始就与人类社会的经济、政治、文化发展密切联系在一起。随着人类社会的发展与进步，服装也经历了由低级到高级、由简陋到精致的漫长演变过程。服装审美价值是客观的，因为它包含现实的、不取决于人而存在的自然性质，而且客观的、不取决于人的意识和意志而存在着。

服装设计是把服装的实用功能与审美功能有机地结合起来。服装设计首先要满足人的生存需要。其次，服装设计要符合人的审美要求。服装设计的视觉焦点是在整个设计中引起视觉兴奋和刺激的部位，能吸引人们的视线，增加服装的活力和情趣，起到画龙点睛之妙用。视觉焦点一般设置于具有强烈装饰趣味的物件标志，既有美的欣赏价值，又在空间上起到一定的视觉引导和强调作用。

服装整体美是指服装的整体效果所具有的和谐美感，是服装物质内容与精神内容的完美结合，服装构成要素之间如何达到平衡关系是服装整体美的重要内容。服装经人本穿着后会出现着装状态，出现着装状态的众多因素调整到最佳结合点，服装的整体才会表现出很强的美感。一件服装是不能完整评价其美感的，一件不起眼的服装单品通过精心搭配可能会有意想不到的效果，而一件漂亮的衣服如果搭配不协调，也不会产生很好的视觉效果，所以服装经过组合以后的整体美是服装审美中至关重要的因素（图2-1、图2-2）

▲ 图2-1　服装整体美

▲ 图2-2　服装完美搭配

服装是人类美化自身的艺术品，人类很早就有了审美意识，他们在制造生产工具和生活用具的同时，已经在制造艺术品。人类在最早的创造美的活动中，就包含了对自身的美化，如纹身、画身等。服装产生之后，服装成了人们形象的重要组成部分。随着人类精神文明和物质文明的不断提高，人们需要用服装的款式美、色彩美、材料美、图案美来满足自己不断更新的审美追求。如今，在人类社会中，服装已成为一种倍受关注的艺术品。

二、服装设计的实用价值

服装设计是把服装的实用功能与审美功能在特定条件（材料、设备等）下有机地结合起来的工作。服装设计首先要满足人的生存需要，满足人类生存的需要是服装设计的前提条件，也是服装设计的基础。

服装实用功能就是指服装的机能性。服装的机能性包括了服装的一系列功能，如防护功能、储物功能、健身功能、舒适功能等。任何服装在设计时都有其具体的设计要求和设计目的，服装功用的机能美是设计的一个重要方面，许多服装在设计时必须坚持机能性第一的原则。比如，内衣设计讲究舒适，运动装设计讲究活动的健身性，特殊作业服特别注重服装的防护功能等。消防队员的工作服装如果不采用隔热耐燃的材料，那即便设计元素运用的多么巧妙、款式多么的漂亮，从机能的角度讲也不是好的设计；内衣如果使用不透气、不吸湿的化纤面料，不符合舒适性的基本特点，也不会被人们采用。随着人们对自身保健意识的加强，服装的机能性也越来越成为影响服装品质的重要内容（图2-3、图2-4）。

▲ 图2-3 女式家居服

▲ 图2-4 男女运动服

未来战场，服装不仅仅是保暖和蔽体的工具，而是成为保护战士们生命安全的"保护伞"。各种各样具有高技术含量的服装将在未来的战争中发挥不可估量的作用。目前，美国研制成功了一种新型的能变色的隐形服装。这种军服采用"有源"系统，将近似迷彩图案的金属涂层置于织物表面，用电源来调节金属涂层的温度和热辐射强度，使之与所处的环境背景相一致。战士穿着这种军服，在任何情况下都能根据环境温差变化及时调整军服的颜色。当战士穿上隐形军服走进沙漠或森林，军服很快就变成黄色或绿色；走进雪地，军服马上又会变成白色，与大地浑然一体。

目前，一些时尚权威和电子奇才生产一种内含微型移动电话或全球定位系统的夹克衫，穿这种夹克衫的人在世界任何地方都能确定其所在位置，误差只有几米。夹克衫内还可以配备微型摄像机、电视机等视听视频装置。我国现已推出系列"智能"运动服、休闲服和套装、军服例如可吃服装主要适用于在沙漠执行任务或在险恶的环境下执行特殊任务的士兵，这种军服是由特殊的蛋白质、氨基酸和多种维生素合成的，既能吃又能穿，一件上衣能够保证一名士兵6天所需要的营养和能量，重量仅为2.5kg。

第二节　服装设计的基础

设计者的综合修养和创造力

一个成功的服装设计者，应该具有一定的绘画基础与造型能力，此能力是服装设计师的基本技能之一，还要具有丰富的想象力以及对服装的款式、色彩和面料这三部分知识的灵活掌握，还有对服装结构设计、裁剪技术的掌握，也是服装设计师必备的基础知识。结构设计是款式设计的一部分，服装的各种造型其实就是通过裁剪和尺寸本身的变化来完成的。如果不懂面料、结构和裁剪，设计只能是"纸上谈兵"。

成功的服装设计者还要对服装具有敏锐的观察力。在服装设计中要具有较强的综合能力和敏锐的观察力，不仅技术上有创意，还需要用理性的思维，去分析市场，找准定位，有计划地操作、有目的地推广品牌。因此要做出服装品牌风格，使目标消费者穿着时尚；能吸引顾客，扩大市场占有率，提高品牌的品位，增加设计含量，获得更大附加值，创造品牌效应，是服装设计师应具备的基本素质。

服装设计即是一种产品设计，也是一种艺术创作。因此设计者要具有广泛的艺术修养。曾被誉为"时装之王"的法国高级时装设计大师奥尔就是具备了建筑、绘画、音乐等多方面知识的一位时装界的巨匠，他的弟子伊夫·圣·洛朗也是一位艺术才华横溢的天才，从圣·洛朗的作品中，可以看到他设计灵感来源之广，热情奔放的西班牙风格，华美多姿的俄罗斯情调，单纯豪放的非洲风格，端庄鲜明的中国风格，色彩明朗的毕加索风格，简洁明快的蒙德里安冷抽象艺术和波普艺术等，都在其作品中有着独特的运用和发挥。

设计者的美术基本功

作为一个成功的服装设计者，只有具备了良好的绘画基础才能通过设计的造型表现能力以绘画的形式准确地表达设计的创作理念，在设计图的过程当中也更能体会到服装造型中的节奏和韵律之美，从而激发设计师的灵感。20世纪初包豪斯曾经提出"设计的目的是人而不是产品",特别是服装,本身就是人体的外部覆盖物,与人体有着密切的关系,作为设计师只有对人体比例结构有准确、全面的认识,才能更好地、立体地表达人体之美,这是设计的基础。

首先要进行绘画技巧的训练,熟悉绘画的材料,掌握绘画的表现手法,具备色彩构成和平面构成的基本能力。能够熟练绘制服装的效果图,掌握色彩的运用,服装的色彩变化是设计中最醒目的部分。服装的色彩最容易表达设计情怀,火热的红、爽朗的黄、沉静的蓝、圣洁的白、平实的灰、坚硬的黑,每一种色彩都有着丰富的情感表征,给人以丰富的内涵联想。注重服装效果图立体效果的表现,面料质感的表现和色彩的表现。

① 服装效果图的含义。服装效果图是能够正确表达服装穿在人体上的效果的设计图,是服装设计的专业基础之一,是衔接时装设计师与工艺师、消费者的桥梁。绘制服装效果图是表达设计构思的重要手段,服装设计者需要有良好的美术基础,通过各种绘画手法来体现人体的着装效果。服装效果图被看作是衡量服装设计师创作能力、设计水平和艺术修养的重要标志。

服装设计中的绘画形成有两类:一类是服装画,属于商业性绘画,用于广告宣传,强调绘画技巧,突出整体的艺术气氛与视觉效果;另一类是服装效果图用于表达服装艺术构思和工艺构思的效果与要求。服装效果图强调设计的新意,注重服装的着装具体形态以及细节描写,便于在制作中准确把握,以保证成衣在艺术和工艺上都能完美地体现设计意图。

② 服装设计图的内容包括服装效果图、平面结构图以及相关的文字说明三个方面。

a. 服装效果图的内容和表达方式。服装效果图一般采用写实的方法准确表现人体着装效果。设计的新意要点要在图中进行强调以吸引人的注目,细节部分要仔细刻画。服装效果图的模特采用的姿态以最利于体现设计构思和穿着效果的角度和动态为标准。要注意掌握好人体的重心,维持整体平衡。服装效果图可用水粉、水彩、素描等多种绘画方式加以表达,要善于灵活利用不同画种、不同绘画工具的特殊表现力,表现变化多样、质感丰富的服装面料和服饰效果。服装效果图整体上要求人物造型轮廓清晰、动态优美、用笔简练、色彩明朗、绘画技巧娴熟流畅,能充分体现设计意图,给人以艺术的感染力。

b. 平面结构图。一幅完美的时装画除了给人以美的享受外,最终还是要通过裁剪、缝制成成衣。服装画的特殊性在于表达款式造型设计的同时,要明确提示整体及各个关键部位结构线、装饰线裁剪与工艺制作要点。平面结构图即画出服装的平面形态,包括具体的各部位详细比例、服装内结构设计和特别的装饰。平面结构图应准确工整,各部位比例形态要符合服装的尺寸规格,一般以单色线勾勒,线条流畅整洁,以利于服装结构的表达。

c. 文字说明。在服装效果图和平面结构图完成后还应附上必要的文字说明,例如设计意图、主题、工艺制作要点、面辅料及配件的选用要求以及装饰方面的具体问题等,要使文字与图画相结合,全面而准确地表达出设计构思的效果。

效果图表现的主体是时装。几个世纪以来,包括今天的艺术家们,对时装的热情从没有减退过,我们可以看到许许多多将时装描绘得灿烂辉煌的人物绘画作品,但这些作品之所以不能称之为时装画,是因为它们表现的主体是人而不是时装。而时装画的内容是表现或预视时装穿在人体之上的一种效果、一种精神、一种着装后的气氛。时装画还具有另一个特点,即具有双重性质:艺术性和工艺技术性。首先,作为以绘画形式出现的时装画,它脱离不了艺术的形式语言。对于时装来说,时装本身便是艺术的完美体现。而以绘画形式、材料或创造方法来表现的时装画，则是其创作、绘制的基本要求。虽然近期出现的电脑时装画，脱离了传统的绘画工具材料，但从创作心理过程以及电脑最终所表现的视觉效果来看，电脑时装画仍然是属于绘画的形式范畴，只是其运作过程和表现的方式与传统的时装画有所不同。其次，时装画的工艺技术性，是指作为时装设计专业基础的时装画，不能摆脱以人为基础并受时装制作工艺制约的特性，即在表现过程中，需要考虑时装完成后，穿着于人体之上的时装效果和满足工艺制作的基本条件（图2-5）。

▲ 图2-5 服装效果图

其次对人体结构要准确的理解，因为服装是穿在人身上才能展示最终效果的。服装设计时要掌握服装与活动人体的关系。骨骼是人体的支架，由骨头与关节组成，它决定了人体的基本形态。人体由206块骨头组成。肌肉附生在骨骼上，使人体表面产生凹凸不平的变化。人体体型即人体的外观形态，人体是立体的。人的体型特点：从人体的正、背面观察，人体左右呈对称的形态。从人体的侧面观察，则呈前后不对称的S型。体型分为Y、A、B、C四种体型标志。男女骨骼、肌肉和皮下脂肪的沉积度不一样，因此男女体型，特别是躯干部的外观形态有较大的差异，见表2-1。

表2-1 男女体型分类及差数

体型分类代号	Y	A	B	C
男子胸围与腰围差数/cm	22～17	16～12	11～7	6～2
女子胸围与腰围差数/cm	24～19	18～14	13～9	8～4

注：Y型的差数最大，C型的差数最小，服装设计与制作必须以人体的体型为依据。

再次要掌握和理解服装设计的含义和特点。服装设计是指在正式生产或制作某种服装之前，根据一定的目的、要求和条件，围绕这种服装进行的构思、选料、绘图等一系列工作的总和。

服装设计方法

服装设计的特点：

① 服装设计要实现服装良好的实用功能，必须研究并解决服装的外观形式、使用材料及内部结构如何更好地适应人体结构和人的活动规律等问题。

② 服装设计必须追求尽可能完美的审美功能，服装设计必须研究并解决如何运用各种形式美要素和形式美构成法则处理好服装的款式、色彩、材料变化，使服装更好地美化人们的生活。

③ 服装设计是一种面向生产的设计，服装设计必须研究并解决产品外观形式与内在质量的关系问题，研究并解决产品价值与成本的关系问题，使价值规律通过设计在生产中得到最佳体现。

④ 服装设计是一种面向市场的设计，必须研究不断变化的市场，研究市场销售规律和流行趋势对设计的影响。

三、掌握运用信息情报

1. 了解服装的最新动向

设计者在构思的时候，要充分了解服装的流行趋势，做一个新时装和潮流的创造者，具有超前的意识，对服装的流行和潮流有敏锐的觉察力，并有能力在此基础上把自己的设计思维通过服装的面料和款式以及色彩完美的表现出来。

通过电视、电信、互联网等快速的传播手段，获取最新的服装流行资讯。及时关注国际流行中心最新的时装发布情况。注意做市场调研，及时了解市场的流行趋势和服装的销售状况，充分把握消费者的心理。了解品牌的风格、市场定位、竞争品牌的概况、每季不同定位的服装设计风格的转变、不同城市流行的差异、所针对消费群对时尚和流行的接受能力等，还要清楚应该何时推出新产品、如何推出、以何种价格推出等问题，经过这些实践和经历，才能成为合格的服装设计者。

2. 预测服装的发展趋势

了解服装的流行趋势和服装的流行周期特点，能够较为准确的预测服装的发展趋势，可以通过分析政治的动向、社会的变革、经济的兴衰等影响服装流行的因素，做出大致的趋势预测（图2-6、图2-7）。

3. 寻求新的设计理念和表现题材

服装设计者要懂得运用服装的流行预测和流行趋势，利用自己的服装设计作品把流行的

▲ 图2-6　主题趋势

▲ 图2-7　色彩趋势

内容和自己的设计点融合，找出新的设计的理念。

第三节　服装设计的形式美法则

一、服装的造型

服装的造型美是指服装由造型因素而产生的美感。服装离不开造型，造型是通过观察者的观察并与其已有的文化艺术内涵相对应后产生的判断。服装表现出来的造型美是要将色彩、材料、流行等因素联系起来考虑。服装的造型可分为外造型和内造型，其外造型主要是指服装的轮廓剪影，内造型指服装内部的款式，包括结构线、省道、领型、袋型等。

服装的外型是设计的主体，内造型设计要符合整体外观的风格特征，内外造型应相辅相成。服装设计作为一门视觉艺术，在服装整体设计中造型设计属于首要的地位。服装的外轮廓剪影可归纳成A、H、X、Y四个基本型。在基本型基础上稍作变化修饰又可产生出多种的变化造型来，以A型为基础能变化出帐篷线、喇叭线等造型，对H、Y、X型进行修饰也能产生更富情趣的轮廓型。服装的内造型设计主要包括：结构线、领型、袖型和零部件的设计。服装的结构线具有塑造服装外型，适合人体体型和方便加工的特点，在服装结构设计中具有重要的意义，服装结构设计在一定意义上来说是结构线的设计（图2-8、图2-9）。

服装的结构线是指体现在服装各个拼接部位，构成服装整体形态的线，主要包括省道线、褶裥和剪辑线及装饰线等。结构线可归纳为直线、弧线和曲线三种。由于人体是由起伏不平的曲面组成的立体，因而要在平面的面料上表现出立体的效果，必须收去多余的部分，一般是通过省道与裥的设置来实现这一目的。省是缝合固定的，根据所设的位置不

女装造型设计手法应用

服装廓形设计

▲　图2-8　H型服装　　　　　　▲　图2-9　A型服装

同，分为胸省、腰省、肩省、后背省、臀位省等。裥是在静态时收拢，而在人体运动时张开，比省更富于变化和动感，裥的设计主要以装饰为主，一般有褶裥、细绉褶和自然褶三类。剪辑线的作用是从造型美出发，把衣服分割成几个部分，然后缝制成衣，以求适体美观。剪辑线可分为六种基本形式：垂直分割、水平分割、斜线分割、弧线分割、弧线的变化分割和非对称分割。

　　形式美基本原理和法则是对自然美加以分析、组织、利用并形态化的反映。从本质上讲就是变化与统一的协调。它是一切视觉艺术都应遵循的美学法则，是贯穿于服装设计中的美学法则。其主要有比例、平衡、韵律、视错、强调等几个方面的内容。

服装形式美法则

1.比例

　　比例是相互关系的定则，体现各事物间长度与面积，部分与部分，部分与整体间的数量比值。对于服装来讲比例也就是服装各部分尺寸之间的对比关系。例如裙长与整体服装长度的关系；贴袋装饰的面积大小与整件服装大小的对比关系等。对比的数值关系达到了美的统一和协调，被称为比例美。

　　（1）比例美的法则

　　艺术形象内部和比例关系一定要符合自己的审美习惯和审美经验。同类量之间的差异小，容易协调，但是容易产生视觉疲劳，难以引起美感。比差太大，即同类量之间的差异超过了人们的审美心理所能理解或承受的范围，也产生不了美感。艺术形式中给人美感的数量关系，被称为"比例适度"。

　　（2）黄金分割

　　① 黄金分割也称黄金率分割，被公认为最富有美感的比例。

　　2000多年前，古希腊数学家欧多克斯发现：如果将一条线段（AB）分割成大小两段（AP、PB），若小段与大段的长度之比恰好等于大段的长度与全长之比的话，那么这一比值等于0.618。

② 黄金数的概念。其含义是将一线段分为长、短两部分时，长段与总体之比等于短段与长段之比，即AP/AB = PB/AP，其比值为0.618。

③ 黄金数的作用。

a. 人的肚脐是人体总长的黄金分割点，人的膝盖是人体肚脐到脚跟的黄金分割点。

b. 有些植物茎上两张相邻叶片的夹角是137°28'，这恰好是把圆周分成1:0.618的两条半径的夹角。

c. 建筑师们对数字0.618也特别偏爱，如古埃及的金字塔、帕提农神庙顶的高度与屋梁的长度等都是黄金数在建筑上完美的运用。

d. 一些名画、雕塑、摄影作品的主题大多在画面的0.618处。

④ 以黄金分割的比率制成矩形，则为黄金率矩形。

黄金率矩形的求法：在正方形ABCD边AB上求其中点E，以EC长为半径，以E为圆心画弧，使其相交于AB的延长线之F点，如果分别以AD及AF为短边及长边作的矩形，此矩形即是黄金矩形，其中长边与短边的关系是：AB/BF=AF/AB=1.618。

▲ 图2-10 服装设计中比例的运用

（3）比例的运用

① 构成服装外观形式的各因素内部也应保持良好的数量关系，黄金率和接近黄金率的比例关系均可运用于服装。

② 设计服装的外形时，外形中长与宽的比例，上、下装面积的比例应给人美感。

③ 用单独图案点缀服装，应注意图案的位置，使图案处于装饰面的最佳点（如矩形中井字分割的某个交点）。

衣领的大小、口袋的面积和位置，领带、腰带的长短，分割线、装饰线的确定，均应注意比例原则的运用（图2-10）。

2.平衡

平衡是在一个交点上，双方不同量，不同形但相互保持均衡的状态称为平衡。其表现为对称式的平衡和非对称性平衡两种形式。对称的平衡为相反的双方之面积、大小、质料在保持相等状态下的平衡，这种平衡关系应用于服装中可表现出一种严谨、端庄、安定的风格，在一些军服、制服的设计中常常加以使用。为了打破对称式平衡的呆板与严肃，追求活泼、新奇的着装情趣，不对称平衡则更多地应用于现代服装设计中，这种平衡关系是以不失重心为原则的，追求静中有动，以获得不同凡响的艺术效果。

平衡的主要形式如下。

（1）对称平衡

① 对称平衡的概念。对称是平衡的特殊形式，在以对称形式构成的画面中，均可以找到一个中心点或一条中轴线把画面分成两个部分。

② 对称平衡的特点。

a.这两部分的形式因素不仅数量、质量相同,而且到这条中轴线的距离也相等。

b.对称平衡中的形式因素同形同量,能产生整齐端庄的效果。

c.由于人体是对称的,对称的形式能充分体现在服装的外观形式上,服装的款式、色彩、材质、图案均可按对称形式设计。

③ 服装中对称常用的几种表现手法。

a.单轴对称。

概念:单轴对称是以一根轴为中心,左右两边的形式因素完全相同。

特点:以这种形式设计的服装具有朴实感、安定感。但平衡形式过于简单,会缺乏生气(图2-11)。

b.多轴对称。

概念:多轴对称即两根轴交叉成直角,分布在它们周围的形式因素相等或相近。

特点:这种形式左右的形对称,上、下、对角的形也对称,整体效果显得更为严谨(图2-12)。

c.点对称。

概念:点对称也叫回旋对称,相同的形式因素以中心点为对称点,旋转后才能重合,其构图呈"S"形。

特点:点对称的构图有运动感,以点对称形式设计的服装较前两种对称形式活泼。

(2)重力平衡

① 重力平衡的概念。是指造型艺术作品中对应形式因素的形状并不相同,但因分量相近而呈现的一种平衡状态。

② 造型艺术作品中重力平衡的特点。

a.在审美和艺术创作中,人们通过视觉和心理能感受到形体、色彩、材料的分量。

▲ 图2-11 服装设计中单轴对称

▲ 图2-12 多轴对称

b.位置与方向也能影响分量的感觉。如同一个形体,放得高比放得低显得轻,放得稳比放得不稳显得重。

c.造型艺术中各种形式因素的分量感为造型艺术创作通过重力相等达到平衡提供了条件。

d.重力平衡异形等量,差异面较大,比对称平衡活泼。

3.节奏

节奏原指音乐中音的连续,音与音之间的高低以及间隔长短在连续奏鸣下反映出的感受。节奏是一种有秩序、不断反复的运动形式，是各种相同因素连续不断地交替出现的现象。视觉艺术中点、线、面、体以一定的间隔、方向按规律排列，并由于连续反复之运动也就产生了韵律。有规律的重复、无规律的重复和等级性的重复，这三种韵律的旋律和节奏不同，在视觉感受上也各有特点。在设计过程中要结合服装风格，巧妙应用以取得独特的韵律美感。

节奏的形式如下。

① 自然形态中的节奏：人的呼吸和行走、海水的涨落等。

② 艺术形态中的节奏：优美动听的音乐有时间流动节奏、赏心悦目的绘画作品里显示的色彩和图形编织的节奏。

③ 运用于服装设计中的节奏：节奏能增强服装的艺术感染力。相同的点、线、面、色彩、图案、材料等形式因素在同一套服装中重复出现，能产生节奏感。

a. 机械的重复：机械重复是重复出现的形式因素不发生任何变化，引导视线作机械的反复。特点：完全相同的图案、完全相同的色彩等其它形式因素在服装上机械地重复出现均能产生节奏（图2-13）。

b. 变化的重复：指某种形式因素在重复出现时产生一定的变化，引导视线作有规律的跳动。长短不齐的线、大小不同的点或面、色相相同明度不同的色彩等其它形式因素经过适当处理，反复出现，均可产生节奏，这种由变化重复产生的节奏比较活泼，动感较强。如斜裙下摆的褶纹，其宽窄、大小、间距在重复出现时已产生变化，但仍保持相似的特点（图2-14）。

c. 渐变：是某种形式因素在重复出现时按等比或等差的关系渐渐增强或渐渐减弱，引导视线朝某一方向滑动。特点：色彩的渐变还要体现色相的变化，如红—灰红—灰等，形体从大到小或从小到大，线条从粗到细或从细到粗的渐次推移，均可产生圆润而舒展的美。如色彩逐渐变淡的长裙，裙子的色相没有变化，纯度逐渐减弱，而明度逐渐提高（图2-15）。

4. 变化与统一

变化是指相异的各种要素组合在一起时形成了一种明显的对比和差异的感觉，变化具有多样性和运动感的特征，

▲ 图2-13　节奏中的机械重复

▲ 图2-14　斜裙下摆变化的重复

▲ 图2-15　色彩逐渐变淡的裙子

而差异和变化通过相互关联、呼应、衬托达到整体关系的协调，使相互间的对立从属于有秩序的关系之中，从而形成了统一，具有统一性和秩序感。在服装设计中既要追求款式、色彩的变化多端，又要防止各因素杂乱堆积缺乏统一性。在追求秩序美感的统一风格时，也要防止缺乏变化引起的呆板单调的感觉，在统一中求变化，在变化中求统一，并保持变化与统一的适度，才能使服装设计完美。

艺术形式要有多样性、多变性，不能单调和呆板。在服装中，通过款式、色彩、材质有机地结合，并穿到人身上，同时加上相应的配饰，才能给人强烈的美感。

多样统一要求艺术形式体现出内在的和谐统一，不能杂乱和无秩序。艺术创作需要多种形式、多种变化来丰富艺术作品。但艺术作品中的多种形式和多种变化一定要呈现出内在的联系，并构成一个整体。

服装有款式、色彩、材质、图案、配饰、制作工艺等因素。掌握好它们之间的内在联系，并结合"穿衣人"的肤色、形体、年龄、气质、环境等因素，服装才能给人和谐的美感。

二 服装的色彩

服装的色彩美是指由色彩因素而产生的美感，是服装设计在色彩配置上的总的要求，也是服装外表美的具体内容之一。色彩在视觉中占据着重要位置，造型设计完成以后，剩下来的就是色彩配置的问题。

服装系列产品色彩设计

1. 色彩美的表现

服装的色彩美表现在两个方面，一是服装本身所具有的色彩美感，包括服装面料的色彩美和服装由搭配而产生的色彩美。设计师通过对现有面料色彩进行选择来表达其设计意图，这就需要设计师具有丰富高深的色彩美学修养。服装搭配的色彩美感往往由穿着者完成。二是服装与外界因素的协调而产生的色彩美感，包括肤色与饰品、服色与肤色、肤色与环境等（图2-16、图2-17）。

2. 色彩的基础知识

色彩最重要的物理特征是色相、明度与纯度。

（1）色相

色相是每种颜色的相貌，它们通过色彩名字加以区别，如蓝色、明黄色、淡紫色等。色相是"色"要素最重要，也是最普通的特征。服装大众对于色相都有非常确定的认识，这是他们选择服装的基本出发点，每个人都有自己的主观色彩。服装色彩常常与自然物色彩相通，例如玫瑰红、朱砂红、桃红、橘黄、金黄、葵黄、柠檬黄、土黄、苹果绿、草绿、翠绿、天蓝、湖蓝、孔雀蓝、酱紫等。从色彩史上看，人类最初认识色彩就是从实物开始的，经过长期实践才将色彩与实物分开，抽象出独立色相。设计者要结合实物来研究色彩，发现其中的生命意义，提高自己对于色彩理解的有机性（图2-17）。

▲ 图2-16　流行色预测图

▲ 图2-17　服装色彩的美感

（2）明度

指的是色彩的明暗程度，它具有两方面的含义：一是指不同色彩之间的明暗变化，表现为外部差别；二是指同一种颜色本身的明暗变化，表现为内部差别。外部差别是指不同色要素或明或暗，在赤、橙、黄、绿、青、蓝、紫七色中，黄色的明度最高、最亮，紫色的明度最低、最暗。内部差别是颜色本身的明暗变化，表现为同色的明度层次变化，加入白色亮度就会提高，加入黑色亮度就会降低，例如，浅红的明度就高于大红，大红的明度就高于深红。明度是在色与光的关系中表现出来的。摄影艺术是光的艺术，明与暗在摄影学上被称为影调，它可以产生不同的主题调式，通过层次的变化增强立体感，这是造型艺术的重要手段。

（3）纯度

也叫色度和彩度，就是某种色相的纯粹程度，充分饱和的就是标准色，不充分的就是非标准色。如果在一种颜色中掺入其它颜色，原颜色的纯度就会降低，掺入的越多，纯度就越低，超出了临近带之外，颜色就逐步朝掺入的颜色转变，失去了原来的色相。色彩的纯度极容易与明度混淆，因为随着纯度的改变，明度也在发生着或强或弱的变化，浅红的纯度低，明度高，大红的纯度高，而明度低。标准的黄色和标准的蓝色纯度相同，都是饱和色，但明度不同，黄色的高，蓝色的低。纯度变化可以产生或鲜明、或朦胧的效果（图2-18、图2-19）。

服装色彩的实用功能：物理性功能、生理及心理性功能、视觉效果的功能。物理性功能：根据使用目的恰当地利用服装材料色对光的吸收、反射、透过的性能，对生物体进行维护，以避免或减少有害的辐射，增加有益的辐射。生理及心理性功能：有效地把握人类知觉色彩过程中的生理特征及心理特征，如人对色彩平衡的需求及色彩的错觉、色彩的直觉心理效应等。视觉效果的功能：根据不同的使用目的，采用强化或弱化色彩对比关系的手法，使服装表现出所需的效果。

▲ 图2-18 色相环

▲ 图2-19 彩度的变化

3.服装配色的原则

在设计中，色彩搭配组合的形式直接关系到服装整体风格的塑造。设计师可以采用一组纯度较高的对比色组合来表达热情奔放的热带风情，也可通过一组彩度较低的同类色组合体现服装典雅质朴的格调。在服装设计中最常用的配色方法有：同类色配合、近似色配合、对比色配合、相对色配合四种。

① 同类色的服装配色。同类色配合是通过同一种色相在明暗深浅上的不同变化来进行配色（图2-20、图2-21）。

② 近似色的服装配色。近似色配合是指在色相环上90°范围内的色彩配合，给人们温和协调之感。与同类色配合相比较，色感更富于变化，所以它在服装上的应用范围比同类色配合更广。

③ 对比色的服装配色。对比色的配合是指色相环上120°～180°范围内的色彩配合，所体现的服装风格鲜艳、明快，多用于运动服、儿童服、演出服的设计中。

④ 相对色的服装配色。相对色配合是指色相环上180°两端两个相对色彩的配合。其

▲ 图2-20　明暗配色的服装设计　　　　▲ 图2-21　同类色配色服装

效果比对比色配合更为强烈。在相对色配色中要注意主次关系，同时还可通过加入中间色的方法使对比效果更富情趣。

4.服装色彩应与整体风格协调

① 服装的形式美是由款式、色彩、材料综合表现的。当服装的整体风格被确定之后，服装的色彩就应为表现这一风格服务。

② 借助色彩烘托服装的整体风格要注意发挥色彩的情感效应。色彩的情感效应与服装的整体风格一致，是服装配色的一个重要原则，热情、跳跃的高纯度色彩适合动感较强的服装。

色彩是赋有鲜明的时代感和时髦性的。色彩专家以其尖锐的洞察力，把来自消费市场的时新色彩加以归纳、提炼，并通过预告推而广之，蔚然成风，形成流行色。目前国际流行色委员会每年两次例会以预测来年春夏和秋冬的流行色趋向，并通过流行色卡、时尚杂志和纺织样品等媒介进行宣传。在现代服装设计中，流行色的应用更为广泛，新潮款式和流行色彩的结合日益密切。

5.中国传统色彩体系

在世界文化中，东方色彩是一个庞大的观念与应用体系，具有独特的经验智慧和理性结构。中国传统色彩通常被认为受到五行的影响，它的色彩属于象征色彩系统，每一种颜色都代表着不同的含义。中国的"色彩学"有它自身的一套认知系统，是艺术的、文化的也是生活的。中国民间色彩不同于其他的色彩体系，它更贴近生活，是一种符号化的民间信仰。已经融入了岁时节令、人生礼仪和游艺活动的生活之中，具有独特的意象审美特征和生动的情感因素。

中国传统的民间色彩有着鲜明的地域属性，睿智的老百姓在大自然中寻找色彩的原料，就材加工、量材为用，创造了丰富多彩的民间文艺。色彩不是单纯的审美，而是要有寓意，要讲究吉祥。在民间艺人手上绘制的脸谱以不同的颜色象征忠奸、色彩阐释了民间生活意味悠长的侠肝义胆，正义担当。中国民间色彩体系包含着老百姓长期以来形成的敬仰自然、珍惜生命，向往自由的精神追求，形成了人们集体意识的色彩观念体系（图2-22、图2-23）。

中国的传统颜色，分为白、青、黑、赤、黄五大类。由华夏民族观察大自然的交替更迭，总结出的滋生宇宙的五大颜色，得出了"五色观"的色彩理论。中国四大神兽又叫四象，分别是朱雀、青龙、白虎、玄武，属于古代神话和天文学结合的产物。神兽也同样融入了五色观中，可见方位和五色是紧密相连的。根据"阴阳五行"学说，金、木、水、火、土也同样有自己的色彩象征（图2-24）。

▲ 图2-22 京剧脸谱

▲ 图2-23 木版年画

▲ 图2-24 五行象征的颜色

① 白色，西方之色。是各种色彩的基础颜色，在《淮南子》里就曾写道："白立而五色成矣"。白色有着朴素、高雅、纯净的意味，在中国文化中还代表着对逝者的追悼。

② 青色，东方之色。青色是春天的象征，延伸出坚强、生命、希望、乐观等含义。因为青色的染料容易提取，又清爽淡雅，在古时候平民的衣着最常见的颜色就是青色。

③ 黑色，北方之色。黑色代表了天空的颜色，在《千字文》的记载中："天地玄黄，宇宙洪荒"。是中国古代史上崇拜最久的色彩。黑色深沉、浓重、神秘，在传统文化中黑色有严厉正大的含义，曾是秦朝的帝王之色。

④ 红色，南方之色。红色代表了火和太阳的颜色，是华夏民族最早崇拜的颜色之一，其贯穿了整部华夏历史。隆重典礼、民俗、嫁娶、过节等，都曾经或仍然广泛地运用红色。

⑤ 黄色，中央之色。黄色在五色中居于中央，是最尊贵的色彩。中华文明起源于黄土漫漫的平原，自繁华的大唐开始，黄色俨然成了金光灿烂、雍容威严的皇室象征。

当然，中国传统色彩不止这五色，白、青、黑、赤、黄是华夏民族提炼出来的最基本、最纯正的颜色，在此基础上，延伸出了其他美丽的中国色彩，在各大影视剧中都有体现。"五色观"是中国美术史上特有的理念，通过五色传递了华夏民族的感情和文化，是华夏民族智慧的结晶。

三、服装的质感

服装的材料美是指由材料因素而产生的美感。服装材料是服装的载体，离开材料谈服装等于纸上谈兵。设计师会因发现新的材料而激动，并会因此而触发设计灵感。新材料背后包含着新科技，象征着生产者的技术水平和经济能力。对设计师来说，材料美的侧重点主要放在面料上，因为它是服装材料美的外观表现，许多辅料的功用只是服装材料美的内在表现。服装的材料美主要表现为色彩和肌理。材料的肌理美是指材料表面因织造或再创造而产生的纹理效果。此外，面料的许多物理性能，诸如悬垂性、透气性、柔软性、挺括性、伸缩性等，也是服装设计师必须考虑的材料因素。新颖合适的面料制成服装，常能引起消费者的购买冲动。设计者应该对材料知识，尤其是对材料的感性判断有足够认识和经验，辨证的、灵活的运用流行的或过时的、新颖的或传统的面料，设计各种合适不同需要的服装。

面料是服装制作的材料，只有了解不同面料外观和性能，才能做好服装设计。随着科技的进步和加工工艺的发展，现在可以用以制作服装的材料日新月异，不同的材料在造型风格上各具特征。设计师要充分掌握不同材质面料的造型特点以及在服装设计中的运用。

服装面料设计规划

① 柔软型面料。柔软型面料一般较为轻薄、悬垂感好，造型线条光滑，服装轮廓自然舒展。柔软型面料主要包括织物结构疏散的针织面料和丝绸面料以及软薄的麻纱面料等。柔软的针织面料在服装设计中常采用直线型简练造型体现人体优美曲线，表现面料线条的流动感（图2-25）。

② 挺爽型面料。挺爽型面料线条清晰有体量感，能形成丰满的服装轮廓。常见有棉布、涤棉布、亚麻布和各种中厚型的毛料和化纤织物等，该类面料可用于突出服装造型精确性的设计中，例如西服、套装的设计。

③ 光泽型面料。光泽型面料表面光滑并能反射出亮光，有熠熠生辉之感。这类面料包括缎纹结构的织物。最常用于夜礼

▲ 图2-25　丝织面料服装

服或舞台表演服中，产生一种华丽耀眼的强烈视觉效果。

④ 厚重型面料。厚重型面料厚实挺括，能产生稳定的造型效果，包括各类厚型呢绒和绗缝织物。其面料具有形体扩张感，不宜过多采用褶裥和堆积，设计中以A型和H型造型最为恰当（图2-26）。

⑤ 透明型面料。透明型面料质地轻薄而通透，具有优雅而神秘的艺术效果。包括棉、丝、化纤织物等，例如乔其纱、缎条绢、化纤的蕾丝等。为了表达面料的透明度，常用线条自然丰满，富于变化的H型和A型设计造型。

▲ 图2-26 裘皮面料服装

思考与练习

1. 了解服装美学的审美价值和实用价值，充分理解其内在的含义。
2. 掌握服装的设计基础，分析效果图的绘制原则。
3. 掌握服装的形式美法则，并能运用此法则分析服装的造型美，并举实例说明。

第三章　服装美的表现形式

- 第一节　服装表演
- 第二节　服装的流行
- 第三节　服装品牌

学习目标

1. 了解服装表演的起源。
2. 掌握服装表演的历史演变过程。

第一节 服装表演

一、服装表演的历史

1. 西方服装表演历史

在古代西方社会，用一种叫做"玩偶"的人体模型来展示服装效果。16世纪，来自凡尔赛的法国服装设计师罗斯·贝尔坦（Rose Bertin）最先在商业性设计中使用了人造模特，为了在欧洲广泛地宣传自己的作品，她把服装和人造模特一起送给顾客。模特的出现使服装艺术有了立体展示方式。

历史上第一位有记载的女时装模特叫玛丽·韦尔特·沃斯（Marie Vernet Worth），她是英国人，容貌漂亮，体形完美，年轻时在一家服装店里当营业员，店主是19世纪中叶英国著名的服装设计师查理斯·沃斯（Charles Worth）。1845年的一天，沃斯指挥玛丽披上店里的披肩，向顾客展示商品的审美效果，这是有史以来的第一次服装表演。玛丽后来嫁给了沃斯，从1852年开始，她就带领店中的女营业员有组织地表演丈夫的作品。1858年，沃斯的服装沙龙里出现了专职模特。使用身材与相貌标准的真人作模特，推动了服装艺术的发展。

1914年，芝加哥举办了美国首次服装表演，这个城市是当时北美的服装工业中心，此次活动盛况空前，被称为"世界最大系列表演"，显示了新兴资本主义国家后来居上的实力。主办者雇佣了100名模特，向5000名观众展示250套时装，服装数量不算多，但是模特阵容庞大。这次服装表演被拍成电影，在全国各地上映，产生了广泛的社会影响。服装表演的启蒙时期长达80年左右，从19世纪40年代，到20世纪20年代，服装表演才由一种偶然的推销行为发展为相对独立的职业，有了程式化的展示方式，有了比较确定的社会需求，有了相对稳定的表演队伍。

法国20世纪20年代的著名设计师让·帕图（Jean Patou）他雇用了一些高雅、聪明的女孩子在巴黎的服装沙龙里进行表演，被具有宫廷文化传统、以典雅为宗的法国社会所接受。让·帕图将服装设计与表演构思结合起来，体现着贵族情趣，使商业气息浓重和文化特点鲜明的服装表演从此有了艺术身份。1926年，让·帕图从美国带回了六个姑娘，指导她们与法国模特同台演出，这些北美女性天生丽质，动作自由奔放，大方洒脱，充满活力，代表着新时代都市青年文化的风格，给比较保守的欧洲世界以不小的刺激，人们开始重新审视表演的价值，发现它们是时代审美潮流的晴雨表，影响远远超出了服装行业本身。模特的文化地位得到社会认可以后，她们也不再仅仅是服装设计师工作室里的辅助人员，而有了自己的行业机构，世界上第一个专业模特代理公司是约翰·罗伯特·鲍尔斯（John Robert Powers）1928年在纽约建立的。他原来是一名演员，最初利用自己熟悉的关系，拉一些女演员，甚至女明星来捧场，她们的自身条件很好，影响很大。随着现代商业广告业的发展，模特这一行越来越热,并且开始充分专业化了。1938年,鲍尔斯属下的模特哈里·康诺弗(Harry Conover)建立了自己的模特机构,并实行了担保人制度,付给模特固定工资,演出酬金另算,使得这一职业更加稳定。

世界上第一个超级模特名叫崔姬(Twiggy)。虽然在崔姬以前也有一些著名的模特,如20世纪50年代的Shirley、Susie、Parker等,她们衣着时髦,也曾是时尚女孩崇拜的偶像,但她们中的任何一个都无法与崔姬相比。崔姬是20世纪60年代到70年代之间最为走红的模特,也是模特职业问世以来的第一个超级名模。她身材瘦小,有着男孩子般的身躯,短发,迷你式裙装和强调大眼睛的化妆,在当时的社会中形成了一种崔姬风貌。崔姬作为60年代时尚的典型代表,影响力非常大,人们提起崔姬,就联想起那个动荡的年代。崔姬原本是一个普通而平凡的女孩,但她最早演绎了模特业灰姑娘的故事。崔姬走红后,很多

▲ 图3-1 超级模特崔姬

女孩都在模仿她的瘦削体态,甚至为了追求苗条而过度节食,这种厌食症被称为崔姬症。崔姬后来开办了自己的时装设计公司,就不再做模特了,但她的名字连同那段历史留在了史册上,在她的影响下,一批又一批姑娘在T型台上从平凡走向超模。人们记住崔姬的名字,是因为她将这个行业带入了一个全新的领域(图3-1)。

2. 中国服装表演历史

(1)20世纪30年代早期的服装表演

服装表演作为一种社会经济文化发展的产物,在中国最早出现于纺织工业发达的上海。新中国成立后,一直到70年代末,未曾见过有关服装表演的报道。在当时也没有专业的服装模特,但有用真人进行的服装展示,有相当于服装模特的"时装表演员"。总之,从新中国成立后到改革开放前,是中国服装表演的低谷期。

(2)新中国服装表演的萌芽期

1979年,皮尔卡丹带了8名法国模特和4名日本模特到北京和上海举行服装发布会,这是新中国的第一次服装表演。皮尔卡丹不仅带给中国人民服装的概念,也带给中国人民服装表演的观念。在当时的中国举行服装表演是需要勇气的。即使是这样,演出也很困难,只限于"内部观摩",并严格对号入座,票还不能转让,这是服装表演业在中国的开始。

1980年上海时装公司率先成立了新中国第一支服装表演队,诞生了新中国第一批专业服装模特。1981年2月,新中国第一支服装表演队在上海电影院举行了首场演出的彩排,这是新中国服装表演史上第一场全部由中国人组成、训练、提供服装,并全部由中国自己的模特登台的服装表演。1981年11月,由皮尔卡丹筹备的服装表演在北京饭店举行。除了卡丹带来的2名外国模特外,表演的其余十几名都是中国模特,这是中国历史上第一次公开的国际性服装表演。

（3）服装表演从存在到合法化

20世纪80年代，由于改革开放的深入和人们对服装表演的不断认识，中国的服装表演获得了飞速的发展。由于外国服装专家的授课培训和服装模特的公开招聘，形成了职业模特产生了宝塔型筛选制，再加上各种形式的国内外模特交流演出，中国模特的身材和表演水平获得了总体的上升。

二、服装表演的形式

服装表演是一门综合性的艺术，它既是服装文化的衍生行业，又是独立欣赏的艺术门类。服装表演就是着衣人体的活动。随着纺织服装业的发展，人们的穿衣水平不断地提高，作为引导服装发展潮流、发布服装流行趋势、指导人们服装穿着理念的服装表演艺术，成为我们较为熟悉的词汇，并且通过各种媒体频繁地出现。

目前国际上流行的时装表演大体分为两大流派：一是抽象派，主要强调服饰艺术价值，多用夸张手法来演示服装形体的美；二是现实派，表演什么时装，市场上就出售什么服装。

现代服装表演可分为两大类：一类是流行导向型表演；另一类是商业性销售表演。

1. 流行导向型表演

流行导向性表演是指每个流行期收集由高级时装店的设计师创作发表的作品发布会。这种发布会通常每年举行两次，每次都在巴黎、米兰、纽约、东京等地的T型台上，汇集来自世界各地的著名设计师的新作，并通过成衣商、服装评论家、新闻记者等迅速向世界各地报道和传播，以形成新的服装流行趋势，同时又通过每年两次的成衣博览会，进一步推广和扩大服装的这种流行趋势。

2. 商业性销售表演

商业的销售，原意是流行的展示或发布会，它是以推销服装产品为目的举行的商业性的服装表演。其展示地点多在产品的销售现场或租用的有关场所，主要是将服装的造型特征，穿着对象及服用功能等，明确清晰地展示给消费者，以此来引导消费者，促进服装的流行与生产。

服装表演是服装促销的一种重要形式，服装模特是为了适应时装表演的需求而产生的。模特表演要对时装、音乐有充分理解，还要通过脸部的表情把内心的体会表现出来。要充分理解时装的内涵，并且要懂得如何用表情把时装内容表现出来（图3-2）。

模特的脸部表情大体分为两类：一类热表情；另一类冷表情。所谓热表情是指面带笑容的愉悦表情。

▲ 图3-2 模特表演

冷表情是指脸上不露笑容给人以"酷""另类"感觉的表情。热表情在时装表演中是使用率较高的一类表情，亲切适度的笑容易受到观众的欢迎，常用于职业、休闲、运动装等实用类时装的表演中。一种笑容又可分为不同境界，如微笑中分温柔甜美的、活泼可爱的、朦胧梦幻的、性感诱惑的和含情脉脉的。这些表情同时需要眼神、肢体等其他部位配合完成。

冷表情起源于20世纪80年代以后，在素有"浪漫之都"的法国巴黎，时装摄影棚和表演舞台上率先兴起一股难以抵御之风：模特们不再微笑。接下来各类时装、时尚期刊杂志也纷纷"闻风"而动，顿时甜蜜的笑脸一扫而光，完全被冷峻庄重的面容取代。直到今天，此风依然。冷表情一般常用于时尚前卫的艺术类时装。冷漠的表情使观众产生高于生活的距离感，增加了时装的神秘性。冷表情虽不是面带笑容但绝不是沮丧、生气等表情。冷表情应使面部肌肉保持平静，并略带紧绷感。时装模特不再希望那些只会笑的漂亮"花瓶"充当她们的化身，而是趋于宁静、安然，表情更加内向、凝重。因为这时的表情显得清纯，容易抓到每个模特所固有的特点。

第二节　服装的流行

一、服装流行的含义

服装的流行实际上就是信息元素原始内涵的流行，即信息元素集合的流行。将信息元素的集合，在其运行时间范围内（流行的时间周期），加以借鉴发挥、排列组合、灵活应用、创作、创造，开发出充满无限创意，符合时代大众需求，富有生命力的各种时尚产品。

服装流行

流行是一种客观的社会现象，它反映了人们日常生活中某一时期内共同的、一致的兴趣和爱好，它所涉及的内容相当广泛，不仅有人类实际生活领域的流行（包括服装、建筑、音乐等），而且在人类的思想观念，宗教信仰等意识形态领域也存在流行，但在众多的流行现象中，与人密切相关的服装总是占有最显著的地位，它不仅是一种物质生活的流动、变迁和发展，而且反映了人们世界观和价值观的转变，成为人类社会文化的一个重要组成部分。

服装的流行是服装的文化倾向，通过一些具体服装款式的普及形成潮流。这种流行倾向一旦确定，就会在一定的范围内被较多的人所接受。服装流行的式样具体表现在它的款式、材料、色彩、图案、纹样、装饰、工艺以及穿着方式等方面，并且由此形成各种不同的着装风格。一般服装流行的要素主要有以下方面：服装款式的流行倾向，主要是指服装的外形轮廓和主要部位的外观设计特征等；服装面料的流行倾向，是指面料所采用的原料成分、织造方法、织造结构和外观效果；服装色彩的流行倾向，是指在报刊杂志上公布的权威预测，并在一定的时间和空间范围内，受人们欢迎的色彩；服装纹样流行倾向，是指服装图案的风格、形式、表现技法，如人物、动物、花卉、风景、抽象图案、几何图案等；服装的工艺装饰流行倾向，是指在不同时期采用的一些新的车缉明线的方法，还有开衩、印花等都会随着流行而变化（图3-3、图3-4）。

▲ 图3-3　花卉图案

▲ 图3-4　几何图案

流行的服装能使人产生一种新鲜感和愉悦感，一件流行的时装往往能卖出超值的价格，同样的商品人们购买的是流行色彩及款式。流行趋势设计手稿的出现，将抽象的、分散的流行趋势与具体的服装元素充分结合，为服装行业人士提供了系统的、直观的对流行趋势的参照，并越来越多地受到服装企业及设计师的欢迎。

二、服装流行的特点

1、服装流行的时间性

（1）流行的时空性

服装的流行联系着一定的时空观念，时间与空间都有它们的相对性。在同一空间里要考察时间的长短；在同一时间里也要辨别空间的异同。因此，服装必然有它强烈的时效性。因为"新"在流行的过程中是最具有诱惑力的字眼，流行只有在"新"的视觉冲击中才能保持旺盛的生命力。服装更新的越快，它的时效就越短。从法国服装中心几十年来展示的服装中可以看到风格的突变：曾经是色彩灰暗、松宽的服装流行全球，继而便是金光闪闪、珠光宝气、缀满装饰物的服装充实市场；喇叭裤虽然以挺拔优美的气质独领风骚许多年，但仍无力抵挡流行的浪潮，终被松宽的"萝卜裤"占先，紧接着又出现了直筒裤、高腰裤以及实用而优雅的宽口裤、九分裤、七分裤等。服装款式的变化、花样翻新令人目不暇接。近年来，就连人们认为变化比较稳定的男装，也因流行潮流的冲击在不断的变化。因此，只有把握流行时间的长短和空间的范围，才能保证服装流行的效应。

（2）流行的周期性

服装流行在经历了其萌芽、成熟、衰退的过程，退出流行舞台后，又会反复出现在流行中，即为流行的周期性。流行的周期循环间隔时间的长短在于它的变化内涵，凡是质变的，间隔时间长；凡是量变的，间隔时间相对会短一些。所谓质变，是指一种设计格调的循环变迁。一种服装款式新颖，可能流行一年、两年也就过时了，但它仍旧还是一种格调，只不过不再是一种流行款式而已；但若干年后，它又会以新的面貌出现。人类对于服装特征的独立研究表明，某种服饰风格或模式趋向于十分有规律的周期性重现。时尚周期的另一尺度与"循环周期"的原则有关，即一定时期的循环再现，也是服饰格调的周期循环。人类不同的历史文化背景、观念意识，对审美的影响是深刻的。当代是人类个性自由充分发展的时代，人们的审美千差万别，一些历史的审美观往往以新的形式复活，服装的周期性循环正好说明了这点。流行本身就是一个动态的概念，是指在一定时间内流传普及某种行为意识的现象。其中，服装流行由于服装自身的属性和特点，使得其流行周期所经历的时间有限，而且随着社会经济的发展和人们审美意识的更新，服装流行更换的频率也逐步提高。

2、服装流行的过程

服装流行的过程可以分为三个阶段。

（1）流行的初级阶段

往往只有少数人接受，这些人热衷于探索前所未有的新的不同点，喜欢标新立异，展示自己的个性，认为穿着只有在"与众不同"的情况下才能真正体现他的价值，才能够宣扬和突出自我。在现代人的心目中，个性化走在流行的前端远比流行来的重要。就像现在的年轻人，他们不喜欢普通人衣着的世俗限制，把目光投向传统约束较少的亚文化群落，并在潜移默化中影响而造就着新一轮的流行。

（2）流行的发展高涨阶段

当新的流行渐渐的被更多的人接受时，另一类则极力要求大众化，尽量保持与他人的统一性，这种趋向使他们迅速地加入到流行行列中来，以获得时代的安全感。由此可见，流行对于现代人来说很重要。

（3）流行的衰亡阶段

当一种流行被大众参与普及后，就失去了该流行的新鲜感和刺激性，使人们对此流行失去了兴趣，而与此同时，新的流行又在寻机勃发，迫使原有的流行退出时尚舞台。

3、服装流行变化的基本规律

（1）流行的循环式变化规律

服装流行的循环式变化规律是指一种流行的服装款式被逐渐淘汰后，经过一段时间又重复出现大体相似的款式，所谓"长久必短，宽久必窄"，说的就是这个规律。但这种流行的方式是在原有的特征下不断地深化和加强，使流行的变化渐进的发展。这种循环再现无论是在服装造型焦点上，色彩运用技巧上，还是服装材料使用上，与以前相比都有明显的质的飞跃，它必然带有鲜明的时代特征，运用更多现时的人文、科技，必然更易被社会所接纳。

（2）流行的渐进式变化规律

服装流行的渐进式变化规律是指有序渐进的意思。流行的开始常常是有预兆的，它主要是经新闻媒介传播、由世界时尚中心发布的最新时装信息，对一些从事服装的专业人员形成引导作用，导致新颖服装的产生。最初穿着流行服装的毕竟是少数人，这些人大多是具有超前意识或是演艺界的人士。随着人们模仿心理和从众心理的加强，再加上厂家的批量生产和商家的大肆宣传，穿着的人群越来越多，这时流行已经进入发展并盛行阶段。当流行达到了顶峰时，时装的新鲜感、时髦感便逐渐消失，这就预示着本次流行即将告终，下一轮流行即将开始。总之，服装的流行随着时间的推移，都经历着发生、发展、高潮、衰亡阶段，它既不会突然发展起来，也不会突然消失。

（3）衰败式变化规律

衰败式变化规律是指流行的更替。服装产业为了增加某种产品的利润，在流行的一定阶段会采取一些延长产品寿命的措施，同时又在忙碌着为满足人们再次萌生的猎奇求新心理，创造新一轮流行的视点。

流行具有积极的作用，可以满足人们的需要，消除抑郁、焦虑，维持心理平衡；可促进社会不断出现新事物、新观念，从而促进社会进步，使社会保持良好秩序和活力。

三、服装流行的因素

流行的产生是有脉络可寻，并不是凭空想象出来的，任何一款与社会脱节的服装都是难以生存的。所以流行会受到人为因素、社会经济状况、自然因素、文化背景、国际重大事件等影响。如果设计服装时脱离这些因素，只是一味的以主观设计为主，那么所设计出的服装是不会成为一种流行的。

1、人为因素

主要来源于人们喜新厌旧的心理、攀比心理和从众心理。喜新厌旧是人们在生活中的一种心态。抛弃旧的、追求新的，这种心理在服装中表现得尤为突出。当一种新的服装出现时，一些勇于尝试的人，在喜新厌旧的心理驱动下首先走入潮流的前端，成为新流行的创造者，这种心理因素促使服装流行不断地推陈出新。随后，这种服装被人们认为是一种流行，不穿着它的人自感落伍，于是在攀比心理的指使下，穿着它的人会越来越多。从而在一定的时间和一定的地域内，有相当多的人加入流行的行列，这时，一部分具有墨守成规，对服饰缺乏主见和自信心的人，常常采取随大流的从众方式。这种盲目的从众心理使流行向更大范围扩展，成为推动流行发展的主力军。

2、社会经济状况

服装流行的现状可以反映出一个国家的经济状况，在服装流行蔓延、传播的过程中，社会的经济实力起着直接的支撑作用。当社会经济发展不景气时，人们的精力就会放在民生方面，大家只有解决吃住后，才会对穿着有要求，否则只要穿暖就足够了。至于款式、颜色都不会被人关注，更不用说考虑流行与否了，这时服装业就会出现萎缩，服装的造型变化就会减缓，甚至停滞不前。相反，社会经济繁荣昌盛，人们的生活水平不断提高，与此同时人们对着装需要有更多更新的变化，首先便是对自身的修饰，人们会对服装提出新的要求，服装便会不断的出新、出异，于是会出现与时代相适应的新潮流，呈现出服装流行的繁荣景象。

3、自然因素

主要包括地域和天气两个方面。地域不同和自然环境的不同，使得各地的服装形成并保持了各自的特色。在服装流行的过程中，地域差别或多或少的会影响流行。偏远地区人们的穿着和大城市里服装的流行总会有一定的差距，而这种差距随着距离的靠近递减，这种现象被称为"流行时空差"。不同的地区、不同的国家人们的生存环境不同，风俗习惯也不同，导致人们的接受能力有一定的差别，观念和审美也会有一些差异。而一个地区固有的气候，形成了这个地区适应这种气候的服装，当气候发生变化时，服装也将随之发生变化。

4、社会文化背景

生活中服装的流行是随着时代的变迁而变化的，不同时代的流行，都是与不同社会文化背景下人们的生活习惯、宗教信仰、审美观念等相契合的。例如生产童装的设计师就要学会看动画片，要知道这个时期最流行的动画片是什么，孩子们最喜欢的卡通人物又是谁，只有把童装和生活有机的结合，才能设计出孩子们喜欢的流行童装。

5、社会重大事件

社会发生的重大事件往往被流行创造者作为流行的灵感来源。很多国际上的重大事件都有较强的影响力，能够引起人们的关注。如果服装中能够巧妙地运用事件中的元素，就很容易引起共鸣，产生流行的效应。

第三节　服装品牌

一　服装品牌的概念

品牌是一个名称、标记、符号、图案设计或它们的组合，其目的是识别某个企业的产品，并同其他企业的名称相互区别。在一定的程度上是消费者根据不同的需求去选择不同的商品或服务的凭证和依据，具有便于消费者识别的功能。

品牌由两部分组成：品牌名称和品牌标识。品牌名称是指品牌中可以用语言称谓表达的部分；品牌标识是指品牌中可以识别但念不出声的那一部分，如符号、设计

服装品牌

别具一格的色彩或字母。

品牌是一种文化现象，也是市场竞争的强有力手段。优秀的品牌具有良好文化底蕴，消费者购买产品，不仅只是选择了产品的功效和质量，也选择了产品的文化品位。在品牌的塑造过程中，文化起着凝聚和催化的作用，使品牌更有内涵；品牌的文化内涵是提升品牌附加值、产品竞争力的源动力。品牌是文化的载体，文化是凝结在品牌上的企业精华，也是对渗透在品牌经营全过程中的理念、意志、行为规范和团队风格的体现。

二、服装品牌内容

1. 品牌的种类

成衣品牌可以分为制造商品牌、销售品牌和特许品牌。从品牌的流通状况和运作方式的区别来看，又可分为六个类别。

① 国际品牌。是指具有广泛的国际声誉和深远的影响力，在许多国家设有销售点的品牌，如夏奈尔等。

② 特许品牌。指通过与知名企业的合作，获得其授权生产、经营许可的品牌。如在中国生产销售的皮尔卡丹西服等都是经过特许授权的。

③ 设计师品牌。是以创牌设计师的名字作为品牌的名称，强调设计师的个人声望，使品牌的个性风格更为张扬，以吸引特定的消费群体。

④ 商品群品牌。是由服装企业生产经营的商品群，是在全国建有广泛而稳固的销售网络的品牌。如雅戈尔、三枪、盖娅传说等品牌。

⑤ 零售商品牌。是指大型零售企业拥有的且由特定零售渠道所经营的品牌。

⑥ 店家品牌。是指一些规模较小的零售商店经营的品牌。通常是指前店后厂式的、深受顾客欢迎的服装设计工作室。

2. 品牌认知

品牌认知是指消费者识别出或回忆出某类产品中某一品牌的能力。品牌认知可分为对品牌无意识、品牌识别、品牌记忆、品牌深刻四个层次。品牌无意识就是消费者对某一品牌无印象，也许是从未接触过，或者是接触后遗忘，经提示后也想不起；品牌识别是指品牌在消费者脑中有不明确或粗略印象，能够经提示想起品牌名称或标志，但说不出品牌产品的属性；品牌记忆是消费者在不经提示能够忆起识别某品牌；品牌深刻是消费者在不经提示能够忆起的某类产品的品牌，认知达到深刻的程度，消费者对某类产品有较强烈的偏好，进而形成一定的品牌忠诚。

例如我国女装品牌"盖娅传说"的消费者认知度就非常高，此品牌是中国知名设计师熊英于2013年创立的服饰品牌，基于中国传统服饰和当代艺术，致力于传承中国智慧美学和精湛服饰工艺，并始终坚持将原创精神转化为独特的服饰美学文化。每一件服装都选取上等的材料，精雕细琢，专注于每一个细节，呈现中国制造品质的上乘与精妙（图3-5）。

品牌服装展示1　　　　　　　品牌服装展示2

▲ 图3-5　发布会服装

3.品牌定位

（1）品牌定位的概念

品牌定位是指对产品属性、消费对象、销售手段和品牌形象等内容的确定和划分，寻找和构筑适合品牌生存的时间和空间。时间是指产品体系切入市场的时机，是品牌诞生的机会因素。空间是指产品体系切入市场的地区，是品牌推广的区域因素，即消费基础因素。

（2）品牌定位的目的

品牌定位策略的目的是获取竞争优势。市场细分和评估细分的过程也就是认识和选择企业竞争优势的过程，但这种竞争优势不会自动在市场上显示出来，企业要借助于各种手段和策略将之表现出来，这个过程就是企业运用品牌定位策略的过程。

一个企业做什么产品，及产品的风格是什么，在创立之前就应该有一个完整的企划。通过对市场及目标消费群体的调查，摸清消费的需求点，找出市场空当来进行企业的产品定位及品牌定位。

服装品牌的含义

4、品牌定位的重要性

（1）品牌定位的准确与否直接关系到品牌的命运

有些企业没有重视品牌定位的重要性，在市场运作的过程中看到某些销售亮点随性的跟从，造成企业产品及品牌定位模糊和错位，消费者并不认同，造成投资失败，浪费大量的人力物力。

（2）品牌定位报告决定投资总额和使用比例

品牌的实际动作是要根据品牌定位报告来进行的，投资过大，很容易造成资金闲置或费用失控，造成资金浪费；投资过小，会造成资金短缺。

（3）品牌定位是品牌发展的方向和准则

品牌的风格确定之后，在一定时间内就要稳定下来，如果在发展过程中出现了问题，只能做局部调整或细节完善，不能随意进行根本性的改变。

5. 品牌的经营与维护

品牌的经营与维护是指品牌管理者在具体的营销活动中所采取的一系列维护品牌形象、保护品牌市场地位的活动。品牌经营者应以市场为中心，满足消费者的需求，维持高质量的品牌形象具体做法如下。

一是品牌产品应以市场为中心，满足消费者需求。名牌不是永恒的，市场竞争是残酷的，一些默默无闻的商品一夜之间走俏市场，成为名牌商品，而一些知名度高的品牌则悄无声息地走向衰落。品牌的保护与消费者的需求、兴趣、偏好密切相关。如果品牌不随消费需求的变化而作相应的调整，品牌就会被市场无情淘汰。

二是维持高质量的品牌形象，保持品牌特色并不断创新。品牌本质是质量的承诺，树立品牌忠诚需要产品具有高的质量标准。品牌忠诚与品牌认知不同，品牌认知是消费者即使没有使用该品牌产品，也可获得品牌特性的认识，而品牌忠诚是指出于质量价格等诸多因素的影响，是消费者对某一产品产生感情，形成偏爱并长期重复购买该产品的行为。提高品牌知晓度时，需要树立高质量形象，保持品牌的市场份额更需要维持或提高产品质量。同时品牌产品要有鲜明的特色和独具的价值。国际名牌无一不是依靠自己的个性特色立足于世界市场的。对于服装来说，就是产品的设计风格方面有鲜明的特色，并符合消费者的审美标准顺应时代潮流。不断创新体现时代感的品牌在竞争中能够长盛不衰。

总之，产品是品牌的实体，质量是产品的核心。

品牌理念是品牌识别系统的精神内涵，是一切品牌识别系统构建活动的理念指导，包含品牌核心价值、品牌定位、品牌个性等要素；管理系统是服饰企业经营运作的基础与保证体系，服饰企业竞争战略、组织建设、人力资源开发、制度建设、店铺的连锁经营、店铺安全管理等内容构成了现代服饰企业内部的基础性管理工作。

三、服装品牌的销售

服装品牌的销售一定要采取科学、全面和有效的市场营销策略。营销策略是一个创造性的思维活动过程，决定着市场营销的效果，在实践中必须遵循其客观规律，把握基本原则，才能搞好市场营销、品牌销售。

① 市场定位策略。所谓市场定位，就是指顾客对某种产品属性的重视程度，给本企业的产品确定一个市场位置，让它在特定的时间、地点，对某一阶层的消费者出售。目的在于为自己的产品创造和培养一定的特色，使其富有鲜明的个性，树立独特的市场形象，从而满足消费者的需要。

② 产品价格策略。价格策略是企业市场营销策略的重要组成部分，价格是影响市场需求和顾客选购行为的决定性因素之一，它与产品销路、企业利润、市场竞争密切相关，制订产品的价格既要考虑到企业自身的要求（成本补偿，利润水平等），又要考虑买主对价格的

理解和接受能力。

③ 广告宣传策略。提高品牌及其商标知名度，塑造名牌企业形象，必须增强广告宣传意识，加大广告宣传力度和投入，将品牌推向大众，使销量节节上升，品牌的知名度会不断扩大，市场占有率会不断提升。

服装企业在建设品牌的过程中，要将文化渗透到各方面，创建品牌的过程就是文化的渗透和展示过程，是对渗透在品牌经营全过程中的理念、意志、行为规范和团队风格的体现过程。企业文化是全体员工共同合力的结果，是整个企业的文化体现。它旨在创造一个能充分发挥企业员工积极性、创造性以及和谐的企业文化氛围，并且通过物化的形式来传达给消费者，使消费者在认同该企业文化的同时认同该品牌。企业文化主要包括企业价值观、行为准则、道德规范、员工的责任感、荣誉感等内容。企业文化一经形成，就指导着企业的产品、营销、服务、广告、对内对外的关系。

企业文化是企业理念中的基本因素的深层因素，它决定着企业的价值观，是企业各方面的指针。企业文化展示着品牌和企业形象。服装是一种表现文化和艺术的方式。在服装行业，设计师本身的文化内涵及品位倾向就是一种影响服装营销的因素。设计师自身的文化内涵和审美决定了他们的设计风格。一是风格，是隐性的，熟谙它需要一定的经验。二是品位，是它的附加值所展现的文化内涵，即这个品牌的承载者所显示的社会属性，他的职业地位、身份等级和消费阶层。

品牌的活力就建立在消费者的这种文化品位认同满足的基础上。品牌的文化内涵正是商家召唤消费者、与消费者对话的媒体，消费者通过对品牌文化的欣赏而获得进入一种文化氛围的满足。要准确地表达出消费者的心声与目标消费者共鸣，同时要与竞争对手相区别，只有差异化的品牌文化才有价值，这也是由消费者对个性和社会归属的双重追求所决定的。对服装品牌文化，我们也应该讲"定位"，从文化的角度塑造品牌个性，战略应从大众转向分众和小众定位。将品牌自有文化与中国的消费文化很好地结合。从内涵上强化品牌的质地和品位，并推崇民族文化，从中汲取设计灵感。每个品牌的生命力都取决于经营者的眼光和创造力。及时更新产品力、品牌力和经营理念，为品牌赋予与之相匹配的文化内涵，并通过专业人才对品牌的内涵不断地进行深入挖掘，品牌的生命力才可能持久。

思考与练习

1. 了解服装表演的历史，找出其中代表人物，并分析他们所做的贡献。
2. 结合当前的流行趋势，分析服装流行的特点。
3. 掌握服装品牌的内容和品牌销售策略，并举实例来详细分析。

第四章 服装美学的美感与心理

- 第一节 服装心理学基本理论
- 第二节 服装美感与心理

学习目标

1. 了解服装心理学相关的基本理论。
2. 掌握服装美感心理的产生和特点。

第一节　服装心理学基本理论

一、服装心理学的研究对象

服装心理学是研究人类服装行为的发生和发展规律的科学。它属于心理学的范畴，即用心理学的原理及心理的发生和发展规律来解释服装的行为，研究方向指向服装行为研究，目标是揭示服装行为中的发生和发展的规律。

服装从广义上讲是指人为的加在皮肤上的东西，是反映人的心理活动和心理现象的东西，带有极强的个人意志。狭义的服装是指我们平时所穿的衣服。服装的行为是服装心理外化形式或表现的形式，个体的服装行为是当时的心理特征或心理状态的表现。而群体的服装行为则带有社会心理的属性，只有人的行为以服装为背景或手段才能称其为服装的行为。服装的行为可以是人的内部心理过程，也可以是外部显现的过程。

服装心理学的研究对象具有广泛性和复杂性，从研究途径来分，有服装行为的心理反映和一定心理状态下的服装行为的表现。从研究的开放性来说，则有对服装的技能、服装的认知、服装的动机、服装的情感表现、服装的认同、服装的爱好、服装的个性的体现等服装的心理活动过程和服装的心理特征。从研究的手段上划分，如服装的感知、服装的学习、服装的心理结构等。从研究对象上划分，依存于对象的年龄、职业、性别等不同年龄段人的服装心理现象及心理活动规律。

从服装心理学角度看，影响服装行为的因素众多，服装行为表现一种综合价值。一个行为，首先取决于外在刺激（外因），即外部环境的各种因素，服装行为的外因是复杂多变的；外因对人的心理产生影响，个体以不同的心理状态或心理过程（也可称为内因）给外因以反应，对外界刺激给予不同模式和水平的加工并在行为中表现出来。

二、服装心理学的意义

1. 人文主义的现实反映

人文主义是一种指导人行为的思想，主张关心人的价值与尊严，反对一切压制和贬低人性的论调，讲究现实主义的人道。现代的服装只有人文主义和文化主义和谐，才是有生命力的服装。如希腊风格的服装和中国唐代的服装都是两者结合的最佳表现。

2. 增强服装行为的自主性

表现在人们对于服装行为的理解，对服装的评价可以自主的寻找线索。服装心理学可以为设计和制作服装提供理论上的指导。在服装面料的选择上，要想增加目的性和实用性，需要心理学知识和手段。如内衣的设计，面料既要符合生理条件，柔软舒适，又要符合相应的心理条件，达到心里的满意度。

3. 掌握服装对心理的调节作用

服装是人心理的外观。服装可以作为一种媒介，使个人获得他想要的、别人在别的情况下所不易表达出来的对他的评价。服装可以调节人的心理状态，可以调节自我，调节他人的心理状态。如再漂亮的人，如果对自己的着装缺乏自信，再美的衣服也想挂在衣架上，那就体现不出衣服的美和它应有的价值（图4-1、图4-2）。

▲ 图4-1 自信的着装状态

▲ 图4-2 挂在衣架上的服装

4. 服装心理学的意义

可以丰富和发展心理学本身，为服装设计、制作等做理论指导，对相关的学科具有指导性作用。

三、服装行为与社会心理

服装行为分为社会性和个性两个方面。为了促进人和人之间的交往，就要对各式各样的服装所包裹起来的人进行一定的估计，明确别人对自己的意义。个人在社会中成长，由自然人转换为社会人的社会化过程中，服装也起了一定的作用。每个人在社会中担当多个角色，完成一定的社会功能，成为社会角色。

社会关系是人们在共同活动中形成的彼此之间的关系，包括经济、政治、法律、宗教关系等，人际心理关系是最重要的。人和人之间的感情概括为两大类：一类人们之间相亲相近的关系，表现为相互吸引，如喜欢、接纳、赞同等；另一类是相互疏远的关系，如讨厌、反对、排斥等。人际心理关系就是人与人之间相互喜欢和相互厌烦的感情关系。人际心理关系是人们在社会生存中的一种需要，应该利用服装来营造良好的人际心理关系。对于人际心理关系和与服装行为关系的理解，可以借助了解别人，分析别人对我们可能的态度，为深入交往提供信息。良好的人际心理关系可以提高团体的工作效率，良好的人际关系也是个性形成和发展必不可少的媒介，人际心理关系与人的心理健康关系密切，可以利用服装做媒介，促进良好关系的形成。

群体心理与服装的行为

群体是指具有某些共同社会心理特征的人的共同体，是人们相互作用的产物。

（1）群体的分类

① 假设群体和现实群体。假设群体是为了科研的需要，人为地将某些具有相同社会心理特征的人组合在一起而形成的群体。现实群体是指存在于特定的时空范围中，成员之间具有现实的相互联系的群体，如部队的连、排，学校的班级，同一公司、同一班组等。

② 实验的群体和自然的群体。实验的群体是指在实验条件下的临时分组，而自然群体是指在自然生活状态中实际存在的群体。

③ 大群体和小群体。大群体是指人数众多，成员之间的接触带有间接性质的群体。小群体是指人数较少、成员之间有直接联系的群体。

（2）无组织大群体心理

无组织大群体是指由于某种原因偶然聚集在一起的群体。如体育场里的观众、展览会里的人们、露天舞台表演的围观者等。这种群体有偶然性、无组织性、临时性、短暂性的特点。群体之间一般有三种作用方式：暗示、感染、模仿。

① 暗示。是指一个人对别人或对群体成员有目的却又不加说明论证的影响方式。

② 感染。是指一个人不自觉的、不由自主的接受别人情绪的影响，并使这一情绪蔓延的其他群体中的成员。

③ 模仿。是简单复制别人的言论、行为，是重复别人的行为。

（3）有组织大群体心理

是在一定历史条件下形成的，较长时期存在的，比较稳定的大群体，包括民族、职业群体，年龄群体，宗教群体等。

（4）小群体心理

又称团体，是指人数较少的成员间有直接联系的群体。团体是大群体的一部分，是大群体与个人之间的纽带。

（5）团体对个体的影响

① 从众。指个人由于受到团体的压力，在知觉、判断、动作等方面做出的与众人趋于一致的行为。从众是个人自愿自行选择的，比如流行，流行不会从人们生活中消失，是因为人们对新事物接受过程受到从众心理影响。

② 服从。是指个人按照团体规范的要求或团体领导的旨意而行动。服从行为是在他人

或权威的命令和要求之下，完成自己不愿意甚至是自认为不应该的行为。

③ 社会促进。是指个人的活动效率或行为表现由于他人同时参加或者在场旁观，而得以提高的社会心理现象。

④ 共同活动效应。是指由于他人参加，个人的活动积极性或效率得以提高。如班级风气的形成，是爱学习、爱打扮，还是爱运动，都是有几个人先这样，然后大家彼此促进，最后形成了人人都这样的结果。

⑤ 观众效应。是指个人的行为表现由于有他人的旁观而得以正向提高的现象。大家一起吃饭，如果有异性在场，人人都会表现出文雅大方的样子，可如果都是同性，那么效果就差多了。

⑥ 去个性化。是指在团体里由于某种原因使个人的个性得到了隐匿或消失，从而对人行为产生了一定影响的现象。

⑦ 冒险迁移。是指人们在团体条件下提出的建议、思想和现实的行为，比个人单独提出的建议、思想和行为更加激进、勇敢，更加富有冒险精神。一个人如果穿一身过于新潮的服装可能会很紧张，需要很大的勇气才敢走出家门，如果有另一个人做伴，那么这两个人都会感觉好得多了。

第二节　服装美感与心理

一、服装美感心理的性质与特点

服装的流行发端于时髦，时髦是流行的本源，流行是时髦的现象与传播。人类的发展具有流动性和稳定性，流动性决定了每一历史时期都有不同于上一时期的特色，时代是推陈出新的，是不停的前进与发展的。人们总是在追求变化，因此新的事物总是不停的出现，但又总是被找出许多不合理的地方，被新的有可能更合理的地方所取代，如此循环，形成流动。时髦的服装款式可以激发人们对服装的兴趣，满足人们的审美心理，然后在服装的穿着行为中表现出来，尽管不同的时代有不同的审美标准，但在审美中仍存在一定的共同特点，即审美的心理特点。在人的审美的过程中，伴随着复杂的心理活动。

1. 服装美感是人对服装客观美的能动反应

服装以其色彩、结构、轮廓对所接触的人形成一定的刺激，人在接受了这个刺激后，会做出反应，这种美的情感体验是对于某种他本身所需要的美的服装与现实中的服装之间形成了一定的关系，被欣赏者所认识，于是美感心理发生了（图4-3）。

2. 服装美感是感性和理性的统一

服装美感在人们对于服装的多种需要和认识之间达到了均衡时才能发生。在感性上能引

▲ 图4-3 服装美感

起愉悦，而且通过认知加工可以断定某样式与穿着人、与时代背景、与微观环境因素等多方面都一致时，才在这种适合的认识中体验到服装的美感。

3. 服装美感具有一定的稳定性

服装美感受个人的心理认知模式支配，一经形成就比较稳固，人们在生活中会不自觉的以这种心理认知模式去接纳和评价服装与服装的行为。

4. 服装美感对象的依存性

不同年龄、容貌、体型、职业的人，在穿同一种服装的时候，会带来不同程度的心理体验。美感体验可以是服装行为人自己的也可以是对他人服装行为的感受。

二、服装美感心理的产生

人的各种感觉通道受到服装的样式、风格、质地等的刺激，会引起一定的心理反应，激发一定的内心需要，引起愉悦的感受，进而促成购买、穿着的行为。对服装行为的美感也是由自己或他人的行为的刺激所引起的，如姿态的表现和穿着的风格。

1.服装美和联想

联想是在感知到一个事物相同的同时回忆起另一个事物的过程，对于服装美的感知，联想起了重要的作用。如服装给人们的刺激总能使其与美好的事物相联系时，那么一定是畅销的。服装的特性会给人们多种联想，服装的色彩、结构、造型、图案会引起人们的广泛联想。如中国传统艺术图案、明星形象图案，都会给人造成直接的联想（图4-4、图4-5）。

▲ 图4-4　青花图案　　　　　　　▲ 图4-5　青花服装

联想有以下几种形式。

① 接近联想。看到一个事物就联想到另一种事物的一种联想。

② 类似联想。是由于两种事物在时间上和空间上非常的接近，看到一种事物就会联想到另一种事物。例如商场的营业员会穿上自己要买的服装做展示，消费者看到会产生类似的联想，想象穿在自己身上的样子。

③ 对比的联想。两事物完全相反，却因感知到一个事物而想起另一个事物的联想。服装造型结构中的逆向思维就属于对比的联想。

2.服装美与想象

看到一件服装，人本能的就会想象服装穿在自己身上是什么效果。看到服装就会想起应该配什么样的鞋子、皮包、首饰，这就是一个想象的过程。想象是人对服装所具有的客观特点或含义赋予想象。人对服装的需要与人对服装的审美和服装的客观特点有关，更和选择服装的人本身的特点有关。想象分为再造性想象与创造性想象。

① 再造性想象。在艺术欣赏和创作中大量的存在。人们掌握和理解任何的知识，都必须有积极的再造想象来参加。

② 创造性想象。以表象为材料，对原有表象进行重新加工改造，重新构成组合的结果，它们之间的区别在于创造性的程度不同。

3. 服装美与情感

情感是人对客观现实特殊的反映形式，是对客观现实是否符合自己需要的态度的体验，在人对服装的感知过程中，必然会产生喜爱和不喜爱的态度，同时伴随着就是高兴或无所谓以至于厌恶的情感体验。

情感影响人的着装行为在于情感具有两极性，如肯定—否定；满意—不满意；愉快—不愉快；强—弱等。如看见一件服装的色彩很合心意，就会在体验到愉快的同时，感到满意。人们在选择服装的过程中，在服装中体验自己所追求的情感也是服装行为的另一个目的。

三、服装审美心理学

服装是美与实用、艺术与技术的结合物。人们在服装美的欣赏和创造中所体验到的美的、愉悦的心理感受，常在多种心理过程的作用下，并伴随着一定的情感和态度的体验。服装以其色彩、结构、轮廓对所接触的人形成了一定的刺激，人在接受这个刺激之后，会做出反应，伴随着一定的情感体验，而这种美的情感体验往往是由于对某种他本身所需要的美的服装与现实中的服装之间形成了一定的关系，被欣赏者所认识，于是美感心理就产生。

服装的美感受个人的心理认知模式所支配，一经形成就较稳固，人们在以后的生活中会不自觉的以这种心理认知的模式去接纳和评价服装与服装行为。要想改变一个人的服装美感，就要以一种新的经验重新组织形成新的心理认知模式来替换，如通过文字材料的学习，可以改变对某种服装的评价标准。例如对西服有丰富的、积极的美感，但是穿上西服去运动的时候，就会对西服的不方便性认识加强，产生反感，如果你在以后的生活中，用方便来衡量西服，则会使你原来对西服的美感消退。

1. 感觉和知觉

人们对服装的整体认识，首先从感觉开始的，先被形或色所刺激，再进一步对其实用性、美观性等进行综合分析。感觉是指此时此刻作用于人感觉器官的物质现实的对象和现象的具体的个别特性、品质在人脑中的反应。感觉是审美的初级阶段，是一切心理活动的基础。

知觉是指现实的对象和现象直接作用于感官的多种特性和品质在人脑中的反应过程。当人们对服装的各个部分形成了感觉后，就对服装形成了整体印象，这就是知觉的作用。

审美知觉通常有四个特点：整体性、选择性、浓郁的情绪和感情色彩、通觉作用。

2. 表象

表象是在记忆中所保持的客观事物的形象。当形象作用于我们的感觉器官时，通过知觉，转化为主观的印象，经过多年之后，此物体的形象仍有可能在大脑中重新出现，这些生动的形象就叫做表象。表象和知觉不同，知觉是当前事物的反应，而表象是对曾经感知过的而又不在眼前的事物的反应。艺术和审美离不开表象的活动。

3. 注意

注意在审美活动中占有主要地位，是人的心理活动对一定的对象的指向和集中。注意是知觉的进一步发展和深入。

（1）注意有两种类型

① 无意注意。是因意外的刺激、事物的突然变化、个人兴趣和新奇事物的出现而产生的。

② 有意注意。是在意志的控制之下，对客体的集中。有意注意在人们的审美活动中是一种重要的注意方式。

服装设计师创作灵感的产生，包含着一定的无意注意，但在了解消费者的市场需求以后，大量的是有意注意，强制自己把握设计所需要的素材。

（2）注意心理的特征

① 注意具有一定的范围性。是指在同一时间内注意所把握的对象的数量。注意范围的大小取决于被知觉对象的特点。

② 注意具有一定的分配性。注意分配是指在同一时间内，把注意分配在两种以上不同对象上的现象。例如人们能够把较多的注意集中到比较生疏的事物上，而相对不容易把注意分配到熟悉的事物上去，注意往往不是平均分配，经常有主次之分。

四、服装色彩与心理

服装色彩与心理关系密切，注重服装色彩并喜欢复杂衣饰的人，往往比较讲究实际，有自信心，喜欢浅色服装和简单衣饰的人，性格常常比较内向，生活朴实、温和淑静，依赖心理较强，不善于独立行动。喜欢高彩度颜色的人，性格开朗而外向，举止倾向于活动型和不稳定性。容易受新颖、流行事物的影响。不喜欢高彩度颜色的人对自己满意的程度很高，很坚定地确定自我定位，不会随着流行而起舞，抱着实事求是的生活态度，个性敦厚，感情也很稳定（图4-6）。

颜色是通过人的视觉起作用的。不同颜色所发出的光的波长不同，当人眼接触到不同的颜色，大脑神经做出的联想跟反应也不一样。"色彩分为冷色跟暖色，穿不同色系的衣服效果不一样。因此人们选择服装颜色，大多是内心的投射或反向投射。"喜欢穿红色服装的女性富有冒险精神，追随流行时尚，但其变幻无常的性情常常令人捉摸不透。喜欢绿色的女性安于现状，行动慎重并很努力，但害怕冒险和超前，性格内向且常常压抑自己的欲望，在感情方面羞于主动（图4-7）。

另外，喜欢白色的人常让人产生可远观但不可亲近之感；喜欢紫色的人感情也许会比较浪漫；喜欢黄色的人内心天真烂漫；喜欢蓝色的人诚恳真挚，富有幻想；喜欢黑色的人抑制感情外露但渴望关怀爱护……当然，这样的分类似乎有些过于简单，一个人喜欢的颜色常常有很多种，不可一概而论。

由此可见：服装的色彩与人心理的关系是密切的，色彩直接影响到人的心理，人心理的不同状态又直观的反映到对不同色彩的喜好上。

▲ 图4-6 高彩度服饰

▲ 图4-7 红色服装

五、服装的穿着与审美心理

衣服是人的第二皮肤，本来最基本的界限是皮肤，穿着衣服的时候，衣服就变成了界限。

人如果界限感薄弱的话，就很难感觉到自己和他人的不同，也很难掌握与他人间的距离，因而也不善于和人交往，感到不安。想要增强界限感的人，就会穿上和别人明显不同的醒目服装。此外，随着衣服和皮肤贴身程度的增强，也能强化人的这种界限感，对自己的身材自信满满，穿着华美衣服的女性，褪下衣服后可能会陷入不安的感觉。而不考虑身材穿着宽松舒适服装的人，是不赶流行，能掌握非己的步伐的人，一方面能稳守自己的价值观，另一方面也能有较好的人际关系（见图4-8）。

中科院心理研究所研究员王极盛强调："影响和反映一个人性格和心理的因素有很多，服装确实能反映人的某些心理特质，这可以作为我们认识一个人的参

▲ 图4-8 华美的服装

考，但不能武断地一概而论。因为人们选择服装会有很多偶然性，比如有时候，人们会因为时间、场合不一样，选择不同的服装。"在学校里，我们有校服；到了公司，我们有工作服；在晚会上，有迷人高贵的晚装；临睡觉的时候我们还得换上睡衣。服装已经充斥在我们生活的任何一个角落，没有任何一个人可以离开服装。

服装的款式对人的心理有明显的作用。白领丽人们的主流职业装是西服套装，简洁、大

第四章　服装美学的美感与心理

▲ 图4-9　白领西服套装

方（图4-9）。颜色也基本上以深色为基调。在多数正式场合，这样的服装可以充分显得人成熟、稳重和自信。在普通生活中，在这个工作压力越来越大的时代，白领平时会穿的比较休闲简单一点，这样可以让自己摆脱那种压力很大，工作很忙碌的基调。所以人们通过服装的款式对比也可以观察出一个人的心理状态。

思考与练习

1. 了解服装心理学的基本理论知识。
2. 掌握服装美感心理的产生及其特点，理解服装色彩与心理的联系，举实例说明并分析。

第五章　服装穿着的美学理念

- 第一节　自我形象塑造
- 第二节　服装的最佳选择
- 第三节　服装搭配艺术

学习目标

1. 了解服装自我形象塑造的知识。
2. 掌握预测服饰流行的基本方法。

第一节　自我形象塑造

 美学意识

美学意识是指人的主观对客观存在的美丑属性的反应，它包括人的审美感觉、认识、情感、经验、趣味、理想、观念等。审美意识是由长期的审美实践所决定的，同时又反作用于客观存在的美，帮助人们自觉地欣赏美与创造美。

人们认识到自己的价值是审美的前提，它直接导致了人认识自我、肯定自我和意欲美化自我的意识。美化自我意识促进了服饰形象创造中的艺术创作意识，而且推动了整个服饰文化的发展。美化自我意识包含两种活动方式：一种是审美活动，即在将自我作为审美对象的时候，将自我作为审美的主体，这是前意识；另一种是艺术创作，在自我意识中具有创作者和创作物的身份，是自我形象塑造中美化自我的意识。人有了自我美化的意识，特别是以服装来美化自我意识以后，主观能动性就上升到绝对的高度。

 艺术表现欲及个性的流露

服装本身具有一定的艺术性，艺术的本身具有表达和抒发主体情感、心态的性质与功能。人们常利用服装艺术来满足自己创作才能的表现欲。艺术创作者通过艺术，将自己的主观意识、心态、情感、理想等转为物态化表现出来。如着装者通过裘皮大衣，表现出对奢华和富贵风格的追求。所以，服装具有表现的功能，能醒目地展示人的表现欲（图5-1）。

服装设计者往往在设计的服装中追求个性风格的流露，在艺术中表现个性，是创作者独特的风貌，贯穿于创作者独特的风格之中。服装着装者大都希望按照个人的意愿来完成自己的着装形象，尊重个人的审美情趣、审美意识和标准（图5-2）。

▲ 图5-1　裘皮服装的华贵感

▲ 图5-2　服装的个性风格

三、流行时尚趋势的把握

流行是在一定时期一定区域内为人们广泛认同喜爱并参与的非常规的行为方式和思想意识，是特定社会特定时期价值观念和价值倾向的产物。服装的流行由于传播方式的不同，形式可以是自上而下、自下而上；也可以由内而外、由外而内；可以是发达地区向不发达地区扩散，也可以是由不发达地区向发达地区冲击；更可能是由年轻人群向中老年人群流向等。但无论如何，服装的流行总是按照以点带面、自小而大，从少数到多数、从新奇到普及的形式展开的。

1.服装流行的规律

想要预测服装的流行，就要了解服装流行的规律。

① 阶段性规律：服装的流行是以新奇为起始至普及而告终。一般可以分为：产生、发展、盛行、衰亡四个阶段。

② 分流与同步规律：服装的流行已经不再像过去那样呈现出千人一面的局面，根据消费需求不同，在一个流行阶段，同时或不同时地开展着另一类或另几类流行，体现出现代人们对着装需求的多样化特征。

③ 螺旋上升性规律：也就是说流行是有轮回的，这种轮回加入了时代的印痕，回归只是一种遐想的轮回，是一种意念和愿望的体现。

2. 把握服饰流行的社会条件

① 社会和平、安定。
② 科技进步、经济繁荣，产业不断分化、重组，产品丰富。
③ 人文理念普及，各种经济的、文化的、科技的、体育的、旅游的、休闲的社会活动，推动人们的服饰修养、鉴赏和审美追求。

3.服饰流行的产品条件

服饰不论其色彩，还是款式或面料或做工要流行起来，必须具有实用和审美价值。实用性是基础，是审美性的载体；审美性是表现形式、审美效果。一种服饰的流行，最重要、最集中的表现为三大方面：一是线条感；二是色彩感；三是组配的空间度。

4.服饰流行的主体条件

服饰要流行起来，必须要有实用审美力的设计者、生产者、经营者和消费者。设计者、生产者必须理解特定群体的社会消费力以及所处社会经济、文化环境及其地位和作用，深刻理解其文化品位、价值取向和审美情趣，并把这种熟谙、理解经过创作的作品传达给消费者。

经营者必须善于宣传，以及运用各种促销措施，宣扬服饰文化，使人们理解产品的文化内涵，在接受该种服饰文化的欢乐中接受其服饰产品，还应该善于将消费者的信息及时、准确地反馈给设计者、生产者。消费者是服饰流行的终端，也是服饰流行的最具权威的决定者。

5. 预测服饰流行的基本方法

① 市场调查法：就是到市场中进行实地考察，进行直观分析，也可以组织经营者、消费者进行问卷调查。

② 专家咨询法：指咨询国内外著名的学者、设计师、大公司的首席设计师和高级经营管理者，他们具有渊博的服饰知识或丰富的实践经验，可以比较准确地分析现有服饰的流行趋势和特点，对新的流行趋势和特点做出预测。

③ 趋势分析法：凭借个人积累的资料，或个人的经验体会，分析新的流行趋势和特点。

第二节　服装的最佳选择

一　审美观念

审美观念是指审美活动所具有的一种认识，是在审美经验积累到一定时候才产生的。它将人模糊不定的、零碎的审美感受归纳为较为明确、较系统的认识。它对一个人的审美感觉起一定的引导与规范的作用。

二　个人审美趣味

由于受文化素养、审美情趣、生活方式等主客观因素的影响，不同地区、不同层次的人所接受的流行会有所不同，对于服装和色彩的态度可以说是千差万别的，既有积极追求流行时尚的人，也有长期保持传统习惯的人。在积极追求流行时尚的人们当中，既有对流行非常敏感，站在流行时尚前列的人，也有不甘落后，念念不忘实行服装更新换代的人。每个人的审美意识不同，因此穿着中要尊重个人的审美趣味，虽然着装者的审美构想和艺术选择，不一定都是准确的，但是某种程度上跟着感觉走，往往会穿出出人意料的效果（图5-3）。

不同的人对审美的感受程度是不同的，由此形成了个人风格的层次性。所谓个人风格是指一种穿着上的个性表现，不但表现在你穿什么，更重要的表现在你的穿法，以及着装以后举手投足的姿态。具有个人风格的消费者不一定是流行趋势的跟随者，也不一定是创造者或标新立异的人。有风格的着装不一定是昂贵的。个人风格不是用钱可以买到的，最要紧的是知道穿什么使你看上去最美，以及怎样穿才能显出人体与服饰交融混合的美。

一位真正能感受各种风格的女性，可以依照自己的特色安排各种穿着方式。懂得结合平价服饰与高级服饰、炫目的流行与静谧的传统、前卫新潮与典雅传统，创造出自己独有的个

▲ 图5-3 个人穿着

人风格。流行作家马里莱茵·伯森写道"个人风格是一种罕有的天赋,某些人就是有办法利用完全新奇的方式搭配组合各种服饰配件。她们就好像配备了雷达一样,可以观察到某些其他人无法发现的共同的特色"。虽然服饰是一种物质,只是由具象的面料和抽象的色彩、造型所构成,根本谈不上语言和动作的表现力,但是在一个人选择着装的整个心理过程中,可以囊括所有的个人意识,并通过服饰与人构成的着装形象而将其较为准确地表现出来。由于服饰无法直接表述着装者的思想所以着装者在采用服饰来塑造自我形象、完成个性行为时,总是充分利用服饰的暗示功能。

社会心理学中将暗示归纳为"符号暗示""行为暗示""表情暗示"语言暗示"等,专门指的是以含蓄的方式,通过语言、行动等刺激手段对他人的心理和行为发生影响,使他人接受某一观念或按某一方式进行活动。服饰心理中的暗示,主要是以服饰的色彩、款式、面料、纹样及整体着装方式对着装形象受众的心理发生影响,进而使着装形象在其受众的心理中形成一种由着装者预先设想出的印象,这个印象无疑是有利于着装者在社会生活中确定其地位或是达到其目的的。暗示是服饰心理学中着装者心理活动的一个普遍手段,除此之外,着装心理变化多端,瞬息万变,很难全部把握,那么多的着装者,每个着装者又在每时每刻、每个时期、每种心境下有不同的心理活动,这么复杂的服饰心理活动我们无法一一道来,只能挑选一些带有普遍意义的典型实例,从中探究一下基本规律。

1. 区别原我

在日常生活中,人们一般不喜欢已经拥有的服饰。这里存在着两种心态:一种喜新厌旧的心理,对原有的已经司空见惯,不需要花费精力去寻求,再也没有新鲜感和吸引力了;另一种心态是受到大环境的影响,从服装流行的趋势着眼或者说被迫于服装的快速变异,使得人们不得不抛弃原来的整体着装形象。或许没有这种自发力和驱动力,就不会有灿烂的服饰发展史。

2. 表现自我

在服饰中表现自我也是显示个性的一种十分有效的方法。个性在心理学中指的是在一定的社会历史条件下的具体个人所具有的意识倾向性，以及经常出现的、较稳定的心理特征的总和。实际上说明两层意思，一层是一个人在生活舞台上演出的种种行为；另一层是一个人真实的自我。

3. 趋同心理

人类的趋同心理是在漫长的生物进化过程中，通过不间断的生存实践过度而逐步形成的一种心理需求的沉淀形式。它的存在有着生理性和社会性的双重基因，由于人类心理上的这种趋势，造就了人们在社会生活中心理需求的趋同倾向，是人类共同的心理特性。这种心理对服装流行的产生起到了巨大的促进作用。

在人类日常生活的行为规范里，这种行为往往具有害怕孤独而产生统一步调的表现形式，这在服装流行的人类行为中显现得格外突出。从视觉形式看，假如一个人的装束背离群体的行为准则，那样势必会引起社会群体的注意，容易招致非议和责难。如若他的行为不为世人所理解，则可能在感情上被拒之众人之外，造成严重的孤独感和失落感，从而出现不安全的心理倾向。心理上的安全感是人类需求的因素之一。因此，人类的趋同心理对服装流行的产生具有极大的作用力。

此外，人类除了害怕孤独的心理能够导致行为上的统一以外，还有一种崇尚心理。这种心理发展到一定程度之后，则产生出相应的模仿行为，这从另一个侧面展示了心理需求上的趋同性。这种心理的需求特点，主要是为了自尊和他尊。它是人类心理中基本需求的高级层次。但是，这种需求仍然具有保持心理平衡的特点，这是造成服装流行心理中的又一种趋同形势，是人类趋同心理的又一个重要特征。

4. 逆反心理

生理学和心理学的研究都认为，人可分为若干种性格和气质。这种性格和气质上的差别与人的理性因素的多少有一定的关系。理性因素少的人，在服装理性现象产生和发展的过程中，总是处在敏感的地位；而理性因素多的人，在这个行为过程中，则总是处在稳健和滞后的地位。其中着装心理中的逆反心理则表现为较强的感性因素，显示出激进的、敏感的着装方式。

每个人都急于借助"个性"的时尚口号为自己的社会身份定位，这时，个性与审美一样，就会沦为平面化和碎片化拼贴。因此，就消费而言，时装在本质上是反个性的，因为它已经与商业文化息息相关，水乳交融。它服从于特定的规划、生产、设计，对服装的讲究与重视，是由于一种在艺术上对技巧的迷恋所造成的心理积淀，使服装具有了独立的审美价值，成为可以世代相传的工艺品。

人们在穿着创作中顺从个人审美趣味，有成功也有失败。着装选择顺从个人的审美趣味是极其自然的，任何人无法回避，又不能完全的依赖。当个人的审美趣味不稳定时，选择容易失败。只有当个人的审美趣味达到一定的成熟程度时,选择的成功率才会提高(图5-4)。

三、完美形象的塑造

人都有对美的需要,着装者与所着服饰完美结合、相得益彰,服饰充分展现出着装者独特的气质及美感时我们就会产生美的感受。这种服饰美感的产生离不开服饰设计者、服饰穿着者及服饰欣赏者。设计者需要丰富的想象力,细致的观察力,对流行趋势的把握及对设计对象的准确定位。穿着者在着装行为中以自身的特点为依据,遵循扬长避短的原则充分考虑穿着该服饰所处的外部环境,进而挑选出最适合自己且对细节拿捏的恰到好处的服饰。

完美形象塑造的重点是服装的整体美把握,是指服装的外观整体效果所具有的美感,是服装的物质内容和精神内容的完美结合。服装经穿着后便会出现着装状态,构成着装状态的因素非常多,除了服饰本身的色彩、款式、质料之外,还有穿着者自身的条件、环境、化妆、穿戴方式、服饰品配套和言行举止等,如果能将这些因素调整到最佳点,服装的整体无疑会表现出很强的美感。在造型过程中,要考虑形式美的基本法则,把对比、同一、调和、变化、平衡、比例、节奏、反复等内容合理安排,创造出新意,配合服装机能创造出服饰的造型美(图5-5)。

▲ 图5-4 服饰审美

▲ 图5-5 服饰搭配

第三节 服装搭配艺术

一、服装搭配艺术

服装搭配有以下几种观念。

① 整体观念。服饰是立体活动彩色雕塑,所以不要把上下装分开来看造型,而要于整体上往瘦长袅娜型装扮。

② 肤色观念。要有适合自己肤色的色彩系列。

③ 体型观念。要会用服饰发挥,让人首先觉得体型的美丽与长处。

④ 配饰观念。配饰品与服装密不可分,搭配合理会产生很好的效果。

⑤ 发型观念。服装设计师的最新作品,有时是通过奇特的发型展示出来的,头饰的风格(尤其是色彩)决定着服装配搭。

服饰搭配艺术

⑥ 妆型观念。不同的服装要搭配不同的妆型，妆型比较单一，就会影响服装的表现力。

二、服装色彩的搭配艺术

服装色彩由无彩色系和有彩色系组成了丰富多彩的色彩世界。无彩色系中的黑白灰，具有素洁、简朴，现代感的特征。尤其是黑与白作为色彩的两个极端，既矛盾又统一，相互补充，单纯而简练，节奏明确，是人们最喜爱、最实用的永恒配色。而有彩色系中的每一种颜色都有独特的色彩感情与个性表现。在现在服装设计中，服饰色彩的情感表达正是诠释流行的最佳语汇。可以将不同的色彩进行组合搭配，表现出热情奔放、温馨浪漫、活泼俏丽、高贵典雅、稳重成熟、冷漠刚毅、反叛创意等变化迥异的风姿风韵。

对于不同类型的服装，流行色的表达也不相同。例如对于经典的服装（西服、职业装等），不适用非常流行的颜色，因为流行色的生命周期很短，会影响服装的经典性，但可以用流行色作为点缀色彩；对于流行时尚的服装，设计师应善于捕捉那些尚未流行而即将流行的色彩元素，使其具有较强的生命力，而不是昙花一现。在形成服装状态的过程中，最能够创造艺术氛围、感受人们心灵的因素是服装的色彩。它是构成服装的重要因素之一。

在服饰中给人的第一感觉首先是色彩，而不是服装，色彩在服饰中是最响亮的视觉语言，常常以不同形式的组合配置影响着人们的情感，同时也是创造服饰整体艺术氛围和审美感受的特殊语言，充分体现着装者个性的重要手段。可以说色彩是整个服装的灵魂。服装色彩不是独立存在的，它往往附着于服装材料之上，对于不同基质的材料会产生不同的色彩效果。如同一种色彩在光滑和粗糙的、透明或不透明的、厚重或飘逸的、上光或轧光的面料上会产生不同的视觉反应。

在现代生活中人们对于服装色彩审美能力不断提高，在消费市场，色彩感是燃起消费者购买欲望最直接的因素。因而巧妙地运用流行的色彩语言是至关重要的。有些服装会令人眼前一亮，购买欲望立即被唤起；有的尽管多彩靓丽，却并不能燃起顾客的消费需求，如果没有第一眼吸引顾客的冲击力，那一定是服装的颜色搭配失去了魅力。一种颜色表现的是一种风格，不同颜色能巧妙搭配出千百种非凡风格。选择好衣服的色彩，使其巧妙搭配，对形象与气质有着举足轻重的影响。恰到好处地运用色彩，可以修正、掩饰身材的不足，而且能强调突出你的优点。有些人总认为色彩堆砌越多，越丰富多彩。集五色于一身，其实效果并不好。服饰的美不美，关键在于配饰得体，适合年龄、身份、季节及所处环境的风俗习惯，更主要是全身色调的一致性，取得和谐的整体效果。色不在多，和谐则美，选择一两个系列的颜色，以此为主色调，占据服饰的大面积，其他少量的颜色为辅，作为对比，衬托或用来点缀装饰重点部位，如衣领、腰带、丝巾等，以取得多样统一的和谐效果。

服装的色彩搭配分为两大类：一类是对比色搭配；另外一类则是协调色搭配。

1.对比色搭配

对比色搭配分为强烈色配合和补色配合。
（1）强烈色配合
指两个相隔较远的颜色相配，如黄色与紫色、红色与青绿色，这种配色比较强烈。

在日常生活中，我们常看到的是黑、白、灰与其他颜色的搭配。黑、白、灰为无色系，所以，无论它们与哪种颜色搭配，都不会出现大的问题。一般来说，如果同一个色与白色搭配时，会显得明亮；与黑色搭配时就显得昏暗。因此在进行服饰色彩搭配时应先衡量一下，为了突出哪个部分的衣饰。黑色与黄色是最亮眼的搭配，红色和黑色的搭配，非常之隆重，但是却不失韵味。

（2）补色配合

指两个相对的颜色配合，如红与绿、青与橙、黑与白等，补色相配能形成鲜明的对比，有时会收到较好的效果。黑白搭配是永远的经典。

2.协调色搭配

协调色搭配分为同类色搭配和近似色相配。

（1）同类色搭配

指深浅、明暗不同的两种同一类颜色相配，比如青配天蓝、墨绿配浅绿、咖啡配米色、深红配浅红等，同类色配合的服装显得柔和文雅。粉红色系的搭配，让整个人看上去柔和很多。

（2）近似色相配

指两个比较接近的颜色相配，如红色与橙红或紫红相配、黄色与草绿色或橙黄色相配等。绿色和嫩黄的搭配，给人一种春天的感觉，整体感觉非常素雅。

职业女装的色彩搭配。职业女性穿着职业女装活动的场所是办公室，低彩度可使工作其中的人专心致志，平心静气的处理各种问题，营造沉静的气氛。纯度低的颜色更容易与其他颜色相互协调，这使得人与人之间增加了和谐亲切之感，从而有助于形成协同合作的格局。另外，可以利用低纯度色彩易于搭配的特点，将有限的衣物搭配出丰富的组合。同时，低纯度给人以谦逊、宽容、成熟感，借用这种色彩语言，职业女性更易受到他人的重视和信赖。

在所有的颜色中，蓝色服装最容易与其它颜色搭配。蓝色搭配红色，使人显得妩媚、俏丽。如上身穿蓝色衬衫，下身配蓝色窄裙，即使没有花哨的图案，也可在自然之中流露出成熟的韵味（图5-6）。

最活用的是黑色，黑色服装适合各种场合穿着，一般认为白色是它的最佳配色，以黑色为主，以白色为点缀，这种设计清爽自然（图5-7）。黑色与粉红色搭配，能表现出一种俏丽，是成熟的象征。黑色与红色搭配，色彩极为鲜明。

▲ 图5-6 蓝色搭配

▲ 图5-7 黑白色搭配

白色可与任何颜色搭配，白色下装配蓝色上衣，是柔和色的绝配组合；象牙白长裤与淡紫色休闲衫配穿，是种不错的组合；白色长褶裙配淡粉红色毛衣，给人以温柔的感觉（图5-8）。

充满魅力的灰色，有各种浓淡色调的变化，灰色套装配上白衬衫，会显得端庄大方，灰色适合与多种颜色相搭配。衣服颜色是整个人体形象中最具情感特征的部分。衣着配色和谐，给人以优雅高贵的感觉。一般说来，颜色可分为活泼色调、柔和色调、自然色调、深暗色调，以及黑、白、灰色调这五种最有代表性的色调。

颜色还代表着不同的意思，搭配服装的时候可以把服装与气质搭配的和谐、一致。

红：活跃、热情、勇敢、爱情、健康、野蛮。
橙：富饶、充实、未来、友爱、豪爽、积极。
黄：智慧、光荣、忠诚、希望、喜悦、光明。
绿：公平、自然、和平、幸福、理智、幼稚。
蓝：自信、永恒、真理、真实、沉默、冷静。
紫：权威、尊敬、高贵、优雅、信仰、孤独。
黑：神秘、寂寞、黑暗、压力、严肃、气势。
白：神圣、纯洁、无私、朴素、平安、诚实。

▲ 图5-8　蓝白搭配

掌握了以上原则，你就可以根据自己的身材、气质、个性去对服装进行配色，从而突出你身材，展示你个性的热情奔放或娴静温柔。根据以上的配色规律，我们可以按自己的肤色、气质、个性、职业的特点来选择自己的服装配色，用最协调的色彩来装扮自己。

三、服装与佩饰

服饰配件是服装的重要组成部分，在整体着装时，服饰配件不仅能对服装的实用功能起补充作用，而且它们的造型、色彩、材料、风格还会影响到整体着装的外观美。因此，掌握服饰配件的设计技巧，对提高服装设计能力有着重要意义。

佩饰，指佩戴在人体或服装上的各种装饰品。它既包括人体不同部位或服装上佩戴的头饰、颈带、胸饰、手饰、足饰等，还包括随身携带的包袋、手帕、眼镜等。佩饰是构成整体服饰形象的重要组成部分（图5-9）。

服饰配件应具有独立的审美功能。由于服饰配件的每一件设计作品都要给人美感，因此设计者应注意运用形式美法则对其造型、色彩、材料、图案进行美的创造，或将自己对大自然、对艺术作品的美的感受提炼出来，运用到服饰配件设计中去，使作品成为一件独立的艺术品，给人带来强烈的艺术享受。

▲ 图5-9　配饰搭配

1.在整体着装时,服饰配件的美必须对整体的美起烘托和强化作用

服饰配件总是与服装的其它组成部分一起出现在人的整体着装的状态中,服饰配件的外观形式必然会影响服装的整体效果。它与服装色彩、材料以及图案等不同的各种服饰配件使整体着装产生一种有秩序的节奏美,因此,使服饰配件与服装配套是服饰设计的常用方法。

2.服饰配件的内在风格要与服装统一

服装外在因素的近似和雷同能使服饰配件与服装产生和谐的美感,内在风格的一致也是使它们呈现这一效果的重要手段。如对传统风格、原始风格的服装应配置具有原始风格的服饰配件;对现代风格、都市风格的服装则应配置具有都市风格的服饰配件。

佩饰必须与服装搭配适当、巧妙,才能构成服饰的规整美。佩饰与服装的组合,总的要求有两点:一是总体气氛的统一;二是两者色彩的统一。佩饰应服从并服务于服装的格调,保持总的气氛统一。在佩饰与服装的组合中,款式组合不容忽视,但色彩组合占有更重要的地位。

1.了解把握服装流行趋势的方法,试分析当前的服装流行特色。
2.掌握服装搭配艺术,策划出最适合自己的服装搭配方法。

第六章 服装审美体系

- 第一节 服装审美的基本理论
- 第二节 审美体验

学习目标

1. 了解服装审美的基本知识。
2. 掌握服装审美体验的性质以及特点。

第一节　服装审美的基本理论

一　服装审美的含义

美感具有广义和狭义两种含义。狭义的美感，指的是审美主体对于当时当地客观存在的某一审美对象所引起的具体感受，即审美感受；广义的美感，又称审美意识，指的是审美主体反映美的各种意识形式，包括审美感受，以及在审美感受基础上形成的审美趣味、审美体验、审美理想、审美观念等所共同组成的意识系统。

审美就是感受、感知和创造美，是人类一种主动追求美的实践活动。作为人类一种独特的感性认识范畴，审美以对事物审美特性的直觉判断为心理特征，不同于对世界的纯科学的理性认识。要想把握审美作为感性认识活动的本质特征，就要认识到审美过程总是与特定的感性活动领域密切相关。

在一定的历史时期内，世界上不同国家、地区、民族的人民，由于各自的社会历史、生态习性和文化背景的熏陶和影响，形成了各具特色的服装形式和服装艺术，也形成了不尽相同的衣着审美观念，如中国的旗袍等。服装审美是一门综合性的艺术，审美要从材质、款式、造型、花色、工艺等多角度进行（图6-1、图6-2）。

审美体验的基本理论

▲ 图6-1　彝族服装

▲ 图6-2　藏族服装

服装审美在各个时代的标准是不断变化的。当时代变革、观念更迭时，人们对于服装有时会出现相反的审美心态。

随着人们对审美认识的逐渐扩大和丰富，美的表现形式也在不断发展。审美思想从哲学美学中又分离出文艺美学与技术美学。服装审美便应运而生，走上了历史舞台。

20世纪初期，大工业革命的空前发展，市场极大繁荣，促使服饰行业产品的大批量生产。经营者从每一位消费者的心理入手，探索如何生产适销对路的服饰，研究如何穿戴打扮能更准确地体现出人的美感，这为服装审美的产生创造了条件和可能性。可以通过服装审美来了解一个社会的文明程度。服装审美是现代人精神状态的体现，是美化生活，美化社会的一个组成部分，成为衡量个人生存方式与社会生活方式的主要尺度。具体来说，服装审美属于服饰美学的范畴，它是研究审美对象，审美意识的特征、本质、规律等，揭示审美对象。

审美作为一种意识通过人这一载体在服装审美上表现得尤为明显。人们对服饰的审美活动的意识包含在人们对服饰的选择、试穿和评议等一系列的活动中，从而得出审美的结果。审美作为人类一种基本的活动方式，它就存在于人类丰富的现实生活中。从根本上说，审美的需要就内在于人类特殊的生命活动中，审美活动就是人类之所以为人的一种最具本质的存在方式。首先，人在审美活动中的存在不同于在日常生活中的存在，它是一种超越性的存在方式；其次，人在审美中的存在不同于在异化活动中的存在，它是一种自由的存在方式；最后，人在审美的存在不同于人的现实存在，它是一种应然的存在方式。从上面三点可知，审美活动是最具有人的本质或本真性的存在方式。

二、服装审美的特性

审美活动作为人把握世界的特殊方式，是人在感性与理性的统一中，按照"美的规律"来把握现实的一种自由的创造性实践。

1. 审美活动的特征主要表现

① 审美活动以一种审美的眼光看待人类的生活与生产劳动。这里面又包括了两层意思：一是在生活与生产劳动过程中，人能够按照"美的规律"来创造。在这一创造过程中，人克服了完全受制于外部自然的被动性，真正实现了合规律性与合目的性的统一。二是人类生活与生产劳动的静态成果，以其美的外在形式、合规律性与合目的性相统一的内容，感性地显现了人的自由自觉的本质，从而使人能够以愉快的心情对这一成果进行审美观察。

② 由于审美活动已经从物质的生产劳动中独立出来，它所体现的审美价值不是隐藏在实用价值背后，而是已经在人类生活和劳动生产及其成果中占据了主导地位，因此，这时的审美价值将以特殊的形式成为衡量一切生活与生产劳动合理与否的重要尺度。

③ 在审美活动中，对生活与生产劳动过程及其结果的把握，更多是从感性形式方面进行的。审美活动从直观感性形式出发，始终不脱离生活与生产劳动过程及其结果的直观表象和情感体验形式。审美活动同时伴有一定的理性内容，会在理性层面上引发人们深入思索。与一般认识活动不同，审美活动中的理性内容并不以概念为中介，而是以情感、想象为中介，以形象为载体。正由于这样，审美活动才得以保持着自由的独立品格。

1963年匈牙利著名哲学家、美学家卢卡契的重要美学著作第一卷《美学》。该书总结了作者近半个世纪以来美学研究的成果，产生了广泛的世界性影响。美国学者E·巴尔认为：该书以马克思主义反映论和历史主义为指导，对人类的审美反映和艺术的基本特性作了哲学的和社会学的系统分析。服装审美的特性取决于日常生活的穿着需要，面料、款式和色彩所创造的服装美。

2. 审美分为审美主体与审美客体

审美主体与审美客体的形成是在人类审美活动中，人与对象、主体与客体始终处于一种对立统一的状态。而审美主体与审美客体的形成，体现了人类生产劳动的发展成果及其水平。主体与客体真正具有审美的性质，审美主体和审美客体的真正形成，是在"自然的人化"过程中实现的，是在人类生产劳动过程中现实地生成的。审美主体与审美客体是一对动态范畴而非实体范畴，它们随着人类生产劳动的发展而走向内容的丰富性。

审美主体是在人类征服客体存在的生产劳动过程中产生出来的，是在生产劳动过程中对象化了的现实的人。而审美主体则是有着内在的审美需要、审美心理机制，并现实地承担着审美活动的人。审美主体的性质具有以下主要特征：

① 审美主体是在具有了社会属性前提下的个体性与群体性的统一。
② 审美主体是主动性与受动性的统一。
③ 审美主体的心理机制是在人类长期的生产劳动过程中形成、丰富和发展起来的。

审美客体是被审美主体所感受、体验、改造的具有审美属性的客观对象，是在生产劳动中人化的对象。

① 审美客体不是固定不变的，而是随着人类征服自然、改造社会能力的提高而不断变化发展的，它的变化发展标志着人类生产劳动的历史进程。
② 审美客体的发展有着一个由生活形态到审美意象再到艺术形象的变化过程。早期人类由于生活范围的狭窄，想象力的贫乏，其对于外部事物的感知也常常局限于周围与他们密切相关的生活现象。
③ 人对自我的认识与体验也是审美客体的一种重要形式。人对自我的认识与体验，是伴随主体地位的形成而发展起来的。

3. 审美主体与审美客体的相互作用

审美活动中的主体与客体双方是一个对立统一的矛盾体。在审美活动中，审美主体与审美客体既相互制约、相互作用，又相互依存并共同推动人类审美活动的发展，从而不断扩大了人类的审美范围，提高着人的生活质量。审美主体的存在又依附于审美客体的产生。审美主体的情感、意志、想象等主观因素都要受到客体存在及其性质的制约。所以，在审美主体与审美客体的关系中，客体对主体具有决定性作用，而审美主体对审美客体的反作用则主要表现为，首先，审美主体本身审美能力的丰富和提高，促进了审美客体范围的扩大。其次，审美主体以感性与理性的统一为特征，体现着对客体存在的特殊认识。审美主体的活动不仅是一个由审美意象形成到审美（艺术）创造的过程，同时也是一个特殊的认识过程，体现着审美主体对客体存在规律的了解与把握；再次，审美主体以其审美创造实现了对审美客体的反作用。审美创造是以客体存在为模本的，但同时它又在主体个人情感的基础上，创造性地丰富和拓宽了客体的审美形象，并在客观真实的基础上实现了艺术的真实。审美创造能动地体现了审美主体对现实生产过程的再创造，它一方面表现出审美主体对生产过程中人的本质力量的肯定和确证；另一方面它那超越客体现实的创造性因素，极大地提高了人们探寻客体奥秘的信心和勇气。审美主体对审美客体的能动反作用，审美客体对审美主体的决定性作用，都是以矛盾双方相互依存、共同发展为前提的，它们都以审美活动为共同存在体，具体地体现着人的本质力量。

三、服装审美的感觉和知觉

1. 服装审美的感觉

服装审美的感觉在于多样化的统一，内容丰富而有条理的整体美，即变化而统一、对比而协调，这个原则可以泛指各个历史时期服装审美的标准。

① 服装要适应季节变化。要根据防暑御寒的生理需要，选用合适的服装，冬季的服装保暖性要强、服色宜浅不宜深；春秋两季气候宜人，衣服厚薄要适中，服色与款式可以丰富多样些（图6-3）。

② 服装要与自己的年龄、性别相适应。根据大众审美心理，选择与自己年龄、性别相适应的服色与款式的服装，能使人产生舒适感。如色彩鲜艳、款式多样、以图案点缀的童装，符合儿童天真、活泼可爱的特点；色彩淡雅、款式庄重的服装，符合中老年老成持重的特点。

③ 服装要与自己的职业身份相适应。职业服装以端庄、简洁、大方为主，色彩不宜过于鲜艳。男士的上班服装，以夹克衫和西装最为普遍。在比较正式的场合，西装的上下身质料及颜色要相同；女士的上班服装，其质料要好，宜选不易起皱变形的，透明、发光的都不合适。

▲ 图6-3 春秋季服装

④ 服装应适合自己的体型与肤色。应根据自己身体的特点，选择合适的服装，扬长避短，尽可能做到衣着匀称，色彩调和。体型不完美的人，可通过服装颜色与款式的变化，造成人们视觉上的错觉，从而得到适当的弥补。浅颜色使人产生向外扩展感，深颜色使人产生收缩感。

⑤ 服装要尽可能体现人的个性特点。服装是个性的外在表现之一，一个人的性格、兴趣爱好、文化修养和生活理想等内在特点，总是有意无意地在穿着上表现出来。如夹克衫、运

动装能体现热情奔放、充满活力和随意潇洒的风度；中山装则能显示人的沉着庄重、老成稳健的个性；礼服体现华贵典雅的个性（图6-4）。

▲ 图6-4 礼服

2. 服装审美的知觉

美学将美感说成"审美知觉"。作为知觉的美感，它必然在头脑中出现了一个完整的表象，鲜明而又生动，这表象是审美客体对人的最初反应。知觉是不自觉的知觉。美感的产生往往是不经意的、自然的。主体为客体的审美潜能所激发，不期然地眼睛一亮，顿时将对象摄入脑海，形成审美知觉，并伴之以激动与愉快。无意识的知觉是指突然觉醒，参与审美的体验与认识。直觉虽然是知觉，但它在瞬间完成了思维的飞跃，这是直觉的本质特点，也是它与一般知觉最根本的区别。

四 服装审美的价值

我国有史以来就具有瑰丽的服饰文化，且各具特色。随着社会经济的发展和人们生活水平的不断提高，人们的生活品位越来越高，对服饰的要求远远要超过它的实用价值。审美观念也正在发生转变，因此服装设计的审美价值引起了更多的关注。服装设计的审美价值具体体现在：具有个性特征，符合时代特征的需求，能给人们带来丰富的审美感受。

审美价值是客观的，因为它含有现实现象、不取决于人而存在的自然性质，也因为它客观地、不取决于人的意识和意志而存在着这些现象同人和社会的相互关系，存在着在社会历史实践过程中形成的相互关系。研究审美价值，其中包括艺术价值复杂多样的本质的必要性，既取决于理论任务，又取决于实践任务。审美价值和艺术价值的意义不仅在于形成人们一定的价值定向，而且在于创造全面和谐发展的个性。科学的研究人对现实审美关系的价值，旨在解决同加强审美教育和艺术教育效果有关的最主要的一些问题。忽视审美的价值本质，就不能揭示美的标准。人的审美关系历来是价值关系，没有价值论的态度，要认识它原则上是不可能的。审美关系的客体本身具有价值性。

审美价值是客观的，它存在着在社会历史实践过程中形成的相互关系。审美评价则是主观的，是对价值的主观关系的表现，它既可能是真的（如果它符合价值），也可能是假的（如果它不符合价值），因此，必须严格区分价值和评价的不同含义，两者的区别犹如客体和主体的实践关系和理论关系的区别。那种把审美理解为主客观的统一的观点是完全错误的，因为它没有充分地划分"价值"和"评价"两种概念之间的区别，混淆了人们对现实的实践关系和理论关系。审美关系作为客体和主体的相互联系而存在。在社会历史实践基础上产生的人类审美关系的实践，导致审美关系的客观方面和主观方面都获得相对的独立性。主观方面的发展形成了人们的审美能力，但审美关系的客体同样存在。把具有参与人对世界审美关系的能力的客体，称为审美客体、客观审美价值或者现象的价值属性。客观审美、审美价值或者审美属性作为审美体验的前提，绝不等同于审美体验，只有当审美感知过程中，审美关系的客体与人具有的审美能力之间发生接触时，审美体验才有可能产生。

服装艺术是以服装为载体的对现实生活和精神世界的反映，也是服装设计师和服装设计行为的发生者的知觉、情感、理想、意念综合心理活动的有机产物。它创造的不仅是一种精神产品，也具有强烈的造物功能。服装艺术具有艺术的普遍共性，同时也具有区别于其他艺术形式的个性特征。服装艺术具有强烈的以使用者穿用为核心的造物目的。服装作为实用艺术具有强烈的造物功利目的，而且是要生产能为他人所穿用的物质本体，就必然围绕使用者的"他"而展开，为满足使用者对于服装物品的需要，设计者甚至需要牺牲部分艺术自我。在物质相对匮乏的时代，对于保暖防寒功能的追求是服装造物的主要目的；而在物质产品丰富的剩余经济年代，服装物品的精神映射功能则更加为服装艺术美所强调，服装艺术的创作思维和表现受到人体穿用和服用材料的限制，纯艺术作品作为独立的艺术品无需依附任何东西，有明确的主题、风格和表现手段。艺术家可以相对自由地发挥自己的想象。而出于造物穿用的目的，服装活动是设计师围绕人体概念展开的，对于人体的美好展现和修饰，是服装艺术作品的重要内容。服装作品均依附于人体而使其外部物质形态受到人体体型的限制。服装艺术的物质材料则多以纺织品为主，服装的艺术语言也必然受到服用材料特性的限制。

审美价值的特性：

① 愉悦性。是其表层的也是基本的特点，审美愉悦包含感官愉快但绝非生理性的官能快感，审美愉悦以情感为中心、以人自身为最高目的。

② 形式的特殊意义。审美价值载体的形式必须是感性的，审美价值载体的形式具有相对独立性，并且这种相对独立性是有限的，审美价值载体的形式是"有意味的形式"。

③ 审美媒介。媒介直接就是生产力，媒介通过改变主体、改变对象、改变借以把握对象的工具和形式来改变审美和艺术，艺术媒介与审美价值本体不能分离，特定的审美价值只能由特定的艺术媒介来实现，一种媒介的产生，可能意味着一种新的审美价值形态的诞生。

④ 审美价值还具有亲身体验性、不可转述性、单渠道传输性、主客专对性。

第二节　审美体验

一　审美体验的含义

在现代美学中，对"审美体验"的理解并不一致，因而对它的含义的界定也各不相同。一般把审美体验理解为主体感受、体验、创造美的经验。具体又分为广义和狭义两种：广义的理解把审美体验等同于审美意识，认为它包括主体的审美观点、趣味、态度、感受、理想等；狭义的理解认为它是审美意识的主要组成部分，是在审美活动中，伴随着审美对象与主体同时生成，主体在全身心地投入中对审美对象的反应、感受和体验，它是主体和对象之间的一种活生生的动态关系，而不仅是主体的意识或精神。

服装审美体验

二、审美体验的性质和特征

（1）审美体验的性质

审美体验最根本的性质是它的实践性。

① 审美活动的实践性，决定了审美体验具有人生实践的性质。

艺术活动本身就是艺术家的审美的人生实践，是与艺术家探求人生真谛、追求艺术真理的人生实践相统一的。它的目的不是去把握已存在的客观知识，而是真实地记录艺术家的人生体验和感悟。

② 审美体验的实践性导致了它的创造性和生成性。

艺术家在艺术实践中获得的审美体验，是一种切身的感觉和体验，是在实践中领悟到的人生价值和意义，它不等同于对象的属性，而是主体的精神创造为社会生活所增添的新维度。

③ 艺术家的审美体验必然要和艺术接受者的人生实践发生密切的联系。

艺术欣赏不仅是对接受者知识水平和审美修养的考验，而且是对接受者道德和人格境界的审视和检阅；如果接受者在人生实践时达不到相应的境界，艺术作品的价值功能就得不到充分的实现；反过来，优秀的作品正是因为渗透着艺术家对社会人生的积极评价，洋溢着艺术家的人生理想和智慧，才能给接受者以智慧的启迪和美的享受。

（2）审美体验的特征

① 感性直观性。指审美活动中，主体凭借自己的感觉器官而非绕道理性思维，直接和对象打交道，而对象也是以自己的感性形式而非内在本质，直接的而不是间接的呈现给主体，从而在主体与客体之间建立起一种感性直观的关系，即审美关系。主体在审美活动中所形成和获得的审美经验也因而具有感性直观性。

② 超功利性。康德在论述审美判断时指出审美无关利害的关系。所谓利害关系，就是对象实际存在使人满意与否，从而引起人的愉快或不愉快，而这种愉快或不愉快，主要与主体的欲望直接相关，而与美的对象本身无关。作为审美体验的愉快，主体对对象的存在（内容、质料等）不关心，没有目的、不含概念、不含欲望，通过纯粹静观获得纯粹的精神性愉快。

③ 感知与情感相伴随。情感体验是审美体验的核心和动力。在审美体验中，情感活动和感知活动互相激发、互为因果。一方面，情感作为审美体验的激发因素构成了感知活动的动力；另一方面，感知活动所产生的经验材料也因此而具有情感的色彩，由此而产生的就不是抽象的概念，而是活生生的、充满生机的意象。

④ 自由无限性。指审美体验具有使人的本质得以全面、丰富、健康展现与发展的特点，这是审美的最高目的的表现。第一，审美体验中，人的主体能力被全面、充分的调动起来，并且处于一种整体和谐并得到最大发挥的境地。第二，审美体验是一种与对象相交融的体验。第三，审美体验是充分展示自身与对象存在的高级体验。

⑤ 非理性的显性表征。从总体上讲，审美体验是理性因素和非理性因素的统一，但与别的体验形式相对而言，非理性特点表现尤为突出。非理性因素的存在，使审美体验具有不

自觉性和突发性、非逻辑性、直觉性等特点。

三、审美体验的心理基础

审美需要最初是人们在生存层面上生理感受和心理体验中产生和发展起来的，在历史沉淀过程中逐渐形成的审美习惯、审美制度、审美传统。随着自然科学的发展，服装美学的研究开始从哲学思辨向科学实验等方法转变，人们对于审美体验的认识也开始深入人的深层心理结构。审美活动，除了审美态度、审美感官外，审美主体还必须具备一定的审美能力。人们从其生理感受和心理体验出发对能刺激他们感官和影响其情绪的意象赋予相当明确的含义和意图，观赏者也会按照此意图来解读这些意象，但由于生产方式、生活环境的改变，人们更易于按照当下生产和生活的需要去接受刺激其器官、影响其情绪的新意象，疏远了与生产、生活相伴而产生的感知方式和审美情趣，从而产生了新的审美需要。随着自身的发展以及外来经济文化的冲击，原生态民族的审美需要不断被同化或弱化，如何在不断趋同的同时又合理保留和开发自己的审美体验是急需解决的课题。

根据现代心理学的研究成果，审美体验的心理基础可从纵向和横向两个方面来分析：从其横向结构上来看，包括智力、意志、情感的因素；从纵向结构上看，可分为无意识、潜意识、意识等因素。

思考与练习

1. 掌握服装审美的含义以及性质。
2. 掌握服装审美体验的性质以及特点，并运用审美知识分析著名服装设计师的1~2幅作品。

第七章　服装审美变迁的影响因素

- 第一节　思想与政治因素
- 第二节　社会与文化因素
- 第三节　科技与经济因素

学习目标

1. 了解服装审美变迁的思想与政治因素。
2. 掌握服装审美变迁的科技和文化因素。

第一节　思想与政治因素

 思想价值因素的影响

思想价值因素对于服饰审美具有重大的影响，以"现代主义""超现实主义""后现代主义"三种思潮为代表。

现代主义是20世纪初以来西方各个反传统的文学流派、思潮的统称。现代主义文学深受康德、尼采、威廉·詹姆斯等人的哲学、心理学理论的影响。现代主义在思想内容方面的最大特征，是在人与社会、人与人、人与自然（包括大自然、人性和物质世界）和人与自我4种关系上表现出来的尖锐矛盾和畸形脱节，以及由之产生的精神创伤和变态心理，悲观绝望的情绪和虚无主义的思想。现代主义强调表现内心的生活、心理的真实或现实；认为艺术是表现，是创造，不是再现，更不是模仿；在艺术风格上，广泛运用意象比喻、不同文体、标点符号甚至拼写方法和排列形式来暗示人物在某一瞬间的感觉、印象和精神状态；许多西方学者认为，20世纪70年代以后，现代主义已经逐渐被后现代主义所取代。

超现实主义是在法国开始的文学艺术流派，源于达达主义，并且对视觉艺术的影响力深远。于1920年至1930年间盛行于欧洲文学及艺术界中。探究此派别的理论根据是受到佛洛依德的精神分析影响，致力于发现人类的潜意识心理。因此主张放弃逻辑、有序的经验记忆为基础的现实形象，而呈现人的深层心理中的形象世界，尝试将现实观念与本能、潜意识与梦的经验相融合。它的主要特征是以所谓"超现实"的梦境、幻觉等作为艺术创作的源泉，认为只有这种超越现实的"无意识"世界，才能摆脱一切束缚，最真实地显示客观事实的真面目。超现实主义给传统对艺术的看法有了巨大的影响。时装设计师中最成功地运用超现实主义的是埃尔莎·夏芭亥莉（Elsa Schiaparelli）。夏芭亥莉是把超现实主义运用到时装上最成功的设计师。她的超现实主义的饰品，各种装饰性极强的纽扣，幽默的风格，形成了一种"丑陋的雅致"。

后现代主义是20世纪50年代以后欧美各国继现代主义之后前卫美术思潮的总称。抽象表现主义将超现实主义倡导的表现潜意识的创作理论加以发挥，并赋予画家的主体行动，开辟了后现代主义的先河。真正的后现代主义始于波普艺术，以示现代城市文明的种种性格、特征和内涵。波普艺术以新奇、活泼、性感的手段来刺激大众的注意力，同时向实际生活渗透而产生综合艺术。

中国古人的服饰审美意识深受古代哲学思想的影响。"天人合一"的思想是中国古代文化之精髓，是儒、道两大家都认可的哲学观，是中国传统文化最为深远的本质之源，这种观念产生了一个独特的设计观，即把各种艺术品都看作整个大自然的产物，从综合的、整体的观点去看待工艺品的设计，服饰亦不例外。对服装而言，指服装的着装季节，着装环境，及衣料的质地和剪裁手法，只有这四者和谐统一，才有精妙设计。

《周易》中肯定了人与自然的统一性，肯定了人与自然的交融性，即人不仅是自然产物，人的一切活动从道德修养到功利实践，都必须遵循自然的启示，受自然规律的制约，而且自然中也透着人的因素。自然本身往往具有社会道德的启迪意义，在这里人与自然间往往不存在绝对隔离的鸿沟，二者互相影响渗透，人与自然遵循统一的法则。在中国古代哲人看来，人是形和神的统一，即肉体与精神的统一，这是一个不可分割的整体，因此不论道、儒都主张精神与肉体兼并，美与善合璧，而服装正是体现人和物之间的审美和谐和自然表现形式的外化，这种审美情感意识倾向外露于服装也是合乎"自然"之道的。

二、政治因素的影响

政治因素的影响显现在中国的历朝历代，每当改朝换代之时，都会出现"衣冠制度的变革"，以此来展现新时代的来临。

20世纪前半叶汉族服装为之一变，根本原因取决于朝代更换，政治因素的影响，也是受西方文化冲击所产生的必然结果。辛亥革命使得近三百年辫发陋习除尽，也废弃烦琐衣冠，并逐步取消了缠足等对妇女束缚极大的习俗。民国初期，是我国人民备受帝国主义欺凌的悲惨岁月，同时又是我国人民奋起反抗、英勇斗争的壮烈年代。清末至新中国诞生前的一段时间内，中国经历了迅速而巨大的变化，政治、经济、军事、文化各方面都处在激烈的斗争和动荡之中。旧事物在斗争中没落、衰亡，新事物在斗争中产生发展。这时的服饰正处在新旧交替、西方文化东渐的形势之中，其最大进步，在于以服饰划分等级的规定，已随着帝制的没落而彻底消亡了。

20世纪20年代末，民国政府重新颁布《服制条例》，30年代时，妇女装饰之风日盛，服饰改革进入一个新的历史时期。男子的服装以长袍与西服为主，中年人及公务人员长袍、马褂，头戴瓜皮小帽或罗宋帽，下身穿中式裤子，蹬布鞋或棉靴。青年或从事洋务者穿西服、革履，戴礼帽。资产阶级进步人士和青年学生穿直立领，胸前一个口袋的学生装，头戴鸭舌帽或白色帆布阔边帽。中山装式样原为九钮，胖裥袋，后依据国之四维（礼、义、廉、耻）确定前襟为四个口袋；依国民党五权分立（行政、立法、司法、考试、监察）确定前襟为五个扣子；依三民主义（民族、民权、民生）确定袖口为三个扣子。中西合璧样式长袍、西裤、礼帽、皮鞋。这时期女子服饰变化很大，主要出现了各式袄裙与不断改革之中的旗袍（图7-1）。袄裙一般是上衣窄小，领口很低，袖长不过肘，袖口似喇叭形，衣服下摆成弧形，有时在边缘部位施绣花边，裙子后期缩短至膝下，取消褶裥而任其自然下垂，也有在边缘绣花或加以珠饰的。旗袍原为满族妇女所穿，实际上未入八旗的普通人家女子也穿这种长而直的袍子。20年代初，普及到满汉两族女子，袖口窄小，边缘渐窄。20年代末，缩短长度，收紧腰身，形成改良旗袍，改良之后，仍不断变化（图7-2）。头发的样式有螺髻、舞风、元宝等，在民国初年流行一字头、刘海儿头和长辫等，20年代时兴剪发，30年代时兴烫发。

1949年，即中华人民共和国的成立，标志着它走入一个崭新的历史时期。这是一个以工人阶级为领导以工农联盟为基础的人民民主专政国家，从开国伊始，即与封建主义和资本主义划清界限，注意批判资产阶级生活方式，这自然会涉及服装以及着装方式。当时在一些原为半封建半殖民地色彩极浓的沿海城市中，市民受西方国家统治与着装规范的熏染，在一定程度上保留了西装革履、旗袍和高跟皮鞋以及一套潜移默化的西方着装礼仪。西洋服饰的遗痕连同原老城区的非常严格的传统长袍马褂着装习俗，在工人、农民的服饰形象面前，显

▲ 图7-1 旗袍

▲ 图7-2 旗袍演变

得陈旧。因为这些服饰形象极易与被批判的封建买办资本家或土地改革时农村地主的服饰形象产生重合。

新中国成立初期人们对西装革履、旗袍和高跟皮鞋的着装产生一种情绪上的抵制。工装衣裤、圆顶有前檐工作帽、胶底布鞋和白羊肚毛巾裹头、戴毡帽头儿或草帽、中式短袄和肥裤、方口黑布面布底鞋、从苏联学来的方格衬衫和连衣裙等,成了新事物、新生命的代表。城市妇女则在蓝、灰列宁服外套里穿上各色花布棉袄,这是典型的工人和农民的服饰形象。

20世纪70年代末80年代初,改革开放以后,大多数着装者先是面料趋向考究,做工讲究高档,然后才是向款式上的新颖过渡,开始有选择地学习西方,进而强调个性。中年男性争着做蓝呢子料的中山服,以作礼服。穿西装已不新鲜,青年人则大力追赶世界新潮服饰。但是这时也出现了着装上的几个不平衡现象,一是世界最新时装与中国着装陋习并存。在街上,既可看到最时髦且遵守国际TPO(即时间、地点、场合)原则的服饰形象,也可看到光脚穿拖鞋、穿睡衣的着装形象。二是穿西装却不懂西装规制,不撕掉新衣袖上的商标以显示名牌,或是将西装前襟两粒纽扣全系上以示郑重等。三是服饰西化之风愈益严重,在与国际接轨的口号声中,中国服饰的优秀传统逐渐消失。在走向世界的大形势下,在扭转以前向重体力劳动者服饰倾斜的努力同时,要提倡保护中国传统的服饰文化。

20世纪80年代后期,人们又一次从禁锢中解放出来,社会走向开放,中国的民族文化又一次向西方文化敞开了更宽阔的胸怀,同时表现出高度的"包容性",又一次使中国人向国际化跨出了一大步,改革开放带来了一个新的时代,观念的更新、文化的繁荣、经济的高速发展,为服装多样化的流行提供了极好的条件,从西服热到运动装热,从喇叭裤到萝卜裤、到牛仔裤,从高跟鞋到耐克、到阿迪达斯,流行很快,跟进时尚成为一种新的价值观,深入到人们的日常生活当中。

第二节　社会与文化因素

一、社会因素的影响

在服饰审美价值的变革中，社会因素是一项非常关键的因素，特别是透过"社会风气"和"社会规范"的项目，来达到一种审美价值变迁的基础。

在广义的社会服饰文化中，穿着和"打扮"是有机的统一体。鸦片战争前后，男人拖着大辫子、穿着宽大的褂袍，女人裹着小脚，这是清代中国人的基本装束。19世纪80年代以后，中国人这种装束形象有了显著改观。首先，一批来华的传教士中有人首先提倡天足。维新派人士更率先反对缠足，主张放足，戊戌变法期间，光绪皇帝还发出上谕禁止缠足。1912年民国成立后，临时大总统孙中山下令内务部通饬各省劝禁缠足。从反对传统道德，争取妇女解放的角度看，不缠足运动带有反封建的政治意义，是一场深刻的社会革命。

近代民俗变迁是近代社会变迁的重要组成部分。中国服饰习俗源远流长，各时代都有绚丽多彩的服饰。至清代中国服饰则多以长袍马褂为主，女子则穿旗袍。服饰具有体现等级森严、褒衣博带特点，这些弊端与近代人的平等要求以及日益加快的生活节奏很不协调。为此，部分中国人开始接受西式服饰。20世纪初，当时青年穿西服的人渐多起来。在学生中穿洋服的人已不在少数。清亡后，曾出现过"洋装热"，中国服饰中的西方因素不断增加。值得一提的是，中山装则是近代中西服饰合璧的最典型标志。

20世纪以来，中国服饰历经剧烈的变迁。20世纪上半叶，外国衣料、西方服装款式输入我国，西方的服装制作工艺方法也传入中国，上海等大城市的教师、公司洋行和机关办事员等，开始穿着西装，长衫马褂作为主要的礼服仍有一定的地位。孙中山先生提倡的由西式服装改革成的中山装，对西式服装在中国的生存起了很大的作用，西式的西服、连衣裙、制服、套裙等很受欢迎。尤其是五四运动以后，一批知识分子从国外带回西式服装，穿制服和西服等短装的人多了起来西风东渐，民主革命风起云涌，封建社会的衣冠之治随之解体，中国服饰的发展由古典时期开始转入现代化时期。轻便合体的西式服装，逐渐替代传统的宽袍大袖；中山装与旗袍，以其中西合璧的风范成为流行的经典。新中国成立后，服饰的发展朝向革命化和素朴化方向演进，中山装与列宁装象征革命和进步，是这一时期的主流服饰。改革开放以来，服饰发展呈现出多姿多彩、变化万千的风貌，伴随服饰的西化与全球化，传统服饰有所复兴，中国服饰文化开始走向觉醒。

二、文化因素的影响

服装是特定文化价值观和规范的物化表现，在不同的文化环境下，由于人们的价值观念、宗教信仰、风俗习惯的不同，造成了人们在穿着观念和穿着行为上的差别。服装是一种文化的表现，服装文化是人在自然环境、社会环境相互作用中所发生、发展、变化的。服装是人们审美意识的反映，是人们表达思想感情的方法。文化是生活的样法，服饰位居衣、食、住、行之首，既体现了人们的物质生活方式，又折射出时代的精神文化风貌。服饰是时代之镜，文化之表征，服饰的发展与演进，始终与社会文化的变迁紧密相连。

着装既是一种个人行为又是一种社会的行为，人们穿着服装扮演各自的角色，在群体中工作、生活、与他人交往，衣着本身表明了他的身份地位，反映了他在社会交往中对礼节、礼仪的重视程度，文化不是静止的、固定不变的。服装外观变化的外显性常常成为文化变迁的标志，当人们开始穿着西装和牛仔裤的时候，表明对西方文化的接受。西式服装具有简洁、便利、实用的特点，更能适合现代人工作环境和生活环境的节奏，所以民族传统的服饰向西方的服饰进行转变，并逐渐的深入到吸收其背后所包含的社会文化和精神文化的象征性的意义，这就是服饰文化的变迁。

服装是作为社会人的一个组成部分存在的，它既是一种物质的外壳，同时也是人的自我意识、自我观念的外在表现。人的这些意识形态是受文化圈、地域文化的影响。社会文化是一个地区的思维方式和生活方式的汇集，是在特定自然环境和社会环境中经过长期濡化形成的。每个人都生活在一定的地域环境和社会文化圈内，他（她）的着装除了受到服饰自身文化的影响也受到大文化圈的影响，这种差异就造成了不同地区的人不同的价值取向、审美观以及他们的生活方式，当然还有穿衣习惯。

例如西方服装的巴洛克风格就充分体现了文化因素对服装的影响，巴洛克风格是从建筑上形成，进而影响到绘画、音乐、雕塑以及环境美术的。风格为绚丽多彩、线条优美、交错复杂、富丽华美、自由奔放、富于情感；或是装饰性强、色彩鲜艳且对比强烈，在结构上富于动势，因而整体风格显得高贵豪华，富有生气等。由于巴洛克风格几乎概括了17世纪总体艺术风格，历来被评论家们认为，它勇于创新，但过于诡谲怪诞；它欢乐豪华，又过于堆砌；它的立面雄健有力，但往往形体破碎……不过，不论巴洛克风格受到怎样的肯定或否定，都无损于巴洛克风格本身的光辉，反而进一步说明了它在人类文化发展史中的独特意义和重要位置。17世纪的女服，最时髦的佩饰品和衣服上的装饰仍以珍珠为主。女裙的最大变化是，以往撑箍裙都需要撑箍和套环等固定物，而这时有些女裙已经免除过多的硬质物支撑，这是一百年来第一次形成布料从腰部自然下垂到边缘。在从肥大形向正常形过渡的过程中，妇女们常把外裙拽起，偶尔系牢于臀部周围，这样其实比以前显得更肥大。可是由于故意把衬裙露在了外面，因此又给下裳的艺术效果增添了情趣与色彩。衬裙都是用锦缎或其他丝织品做成的，有的还镶着金边，自然值得炫耀一番（图7-3）。

20世纪90年代以来，流行服装上的前卫风格，分别演绎了从50年代、60年代到70年代以来的表现风格，前卫的街头文化，即表现为50年代的"垮掉的一代"，60年代的"嬉皮士"，70年代的"朋克"，80年代的"雅皮士"，直到90年代的"X一族"。前卫的服饰风格成为他们反叛的一种精神象征，反映了西方反叛、以自我为中心的一代，因对现实的失望与厌倦，只好在前卫风格的文化圈子里，寻找其精神寄托的社会现实。这时的服装也就反映出当时人们的精神文化生活，因而对后来的服装设计风格具有重大影响。

朋克风格是20世纪70年代中叶兴起的一种着装风格独特怪异的群体的代名词。朋克们以极端的方式追求个性，又带有强烈易辨的群体色彩。他们穿着黑色紧身裤、印着寻衅的无政府主义标志的T恤、皮夹克和缀满亮片、大头针、拉链的形象，从伦敦街头迅速复制到欧洲和北美。他们不像嬉皮士那样脏兮兮，也不像嬉皮士在富于凝聚力的群体形象的背后存在

▲ 图7-3 巴洛克风格

可资一提的共同理想。他们用奢华来制造破落，戏剧化的衣饰带有精心布置的痕迹。朋克的风行极大地影响着高级女装的流行趋向（图7-4、图7-5）。

▲ 图7-4 朋克风格服装　　▲ 图7-5 嬉皮士风格服装

第三节　科技与经济因素

一　科技因素的影响

科学技术的发展，对于服装审美价值的改变，以及服装产业的发展都有着直接的影响。新型纤维的应用、新颖面料的问世、染织工艺的改进，都给服装设计与生产开拓了广阔的创新途径。

科技改变了人类的审美价值。举例而言，发动于18世纪的工业革命，改变了人类的生产模式，以机械方式的生产来代替手工或简单的自然力。在服装方面，机器的出现，造成服装大量的快速生产，家庭用的缝纫机的产生，也造成了服装制作方式的改变。缝纫机的发明已开创了缝制成衣的生意，战争时期对军服的需要成为服装业进一步机械化和标准化的促进因素。

随着科技的发展以现代高新技术为背景，以各种新的合成纤维高弹力织物为素材的"前卫派"们，从20世纪60年代的皮尔·卡丹、帕科·拉巴纳等未来派大师的作品中受到启发，用富有生气、轮廓分明的造型，加上击剑、滑雪、摩托车运动那富有速度感服装的机能性，为人们展示出表现尖端技术"图解式"的未来景象。尤其是世纪之交，蒂尔里·缪格勒设计的"科幻女装"又将人们带入一个神奇的未来时装世界。科技的发展给人们的生活带来了方便和福祉，给服装业带来更广阔的发展空间，服装正以科技影响着人类的生活。

二、经济因素的影响

经济因素对服装审美价值变迁的影响是相当显著的，例如唐代是我国政治、经济高度发展，文化艺术繁荣昌盛的时代。隋唐时期，我国南北统一，疆域辽阔，经济发达，中外交流频繁，体现出唐代政权的巩固与强大。如西北平突厥，在高昌与庭州设两个都护府，管辖天山南北以及巴尔喀什湖和帕米尔高原；东北定靺鞨，设置两个都督府并任命靺鞨族首领为都督；西南安吐蕃，以文成公主嫁于松赞干布，加强汉藏人民联系；在云南少数民族聚居地区设南诏政权，并输送先进文化与技术，以扶植南诏。通过"丝绸之路"打开的国际市场，等于为各国人民互通创造了条件。当时，唐代首都长安是亚洲经济文化中心，各国使臣、异族同胞的亲密往来，无疑促进了服饰的更新与发展。

唐朝的男装在服色上有很多讲究，团领袍衫是隋唐时期士庶、官宦男子普遍穿着的服饰，当为常服。一般为圆领、右衽，领、袖及襟处有缘边。文官衣略长而至足踝或及地，武官衣略短至膝下。袖有宽窄之分，多随时尚而变异，也有加襴、褾者，其某些款式延至宋明。服色上有严格规定，袍服花纹，初多为暗花，如大科绫罗、小科绫罗、丝布交梭钏绫、龟甲双巨十花绫、丝布杂绫等。至武则天时，赐文武官员袍绣对狮、麒麟、对虎、豹、鹰、雁等真实动物或神禽瑞兽纹饰，此举导致了明清官服上补子的风行。初期以一幅罗帕裹在头上，较为低矮。后在幞头之下另加巾子，以桐木、丝葛、藤草、皮革等制成，以保证裹出固定的幞头外形。中唐以后，逐渐形成定型帽子。名称依其演变式样而定，贞观时顶上低平称"平头小样"，高宗和武则天时加高顶部并分成两瓣，称"武家诸王样"，玄宗时顶部圆大，俯向前额称"开元内样"，皆为柔软纱罗，临时缠裹。幞头两脚，初似带子，自然垂下，至颈或过肩，后渐渐变短，弯曲朝上插入脑后结内，称为软脚幞头。中唐以后的幞头之脚，或圆或阔，犹如硬翅而且微微上翘，中间似有丝弦，以令其有弹性，称为硬脚。

唐朝的女装主要分为襦裙服、男装、胡服三种配套服饰。襦裙服主要为上着短襦或衫，下着长裙，佩帔帛，加半臂，足蹬凤头丝履或精编草履。头上花髻，出门可戴幂离。上襦很短，成为唐代女服特点。襦的领口常有变化，如圆领、方领、斜领、直领和鸡心领等。盛唐时有袒领，初时多为宫廷嫔妃、歌舞伎者所穿，后连仕宦贵妇也予以垂青。襦的袖子初期有宽窄二式，盛唐以后，因胡服影响逐渐减弱而衣裙加宽，袖子放大。衫较襦长，多指丝帛单衣，质地轻软，与可夹絮的襦、袄等上衣有所区别，也是女子常服之一。裙料一般多为丝织品，但用料却有多少之别，常以多幅为佳。裙子的颜色多为深红、杏黄、绛紫、月青、草绿等，其中石榴红色的裙子流行时间最长。服饰，作为精神与物质的双重产物，与唐代文学、艺术、医学、科技等构成了大唐全盛时期的灿烂文明。唐代外贸交易发达，生产力极大发展，较长时间国泰民安。尤其当盛唐成为亚洲各民族经济文化交流中心的时期，更是我国文化史上最光辉的一页。

又如20世纪90年代以来，欧美国家经济一直处于不景气状态，能源危机进一步加强了人们的环保意识。重新审视自我，保护人类的生存环境，资源回收与再利用等观念成为人们的共识。"回归自然，返璞归真"，在这种思潮的指引下，生态热不断升温，表现在现实生活中，当然也包括时装在内。各种自然色和未经人为加工的本色原棉、原麻、生丝等织造的织物成为维护生态的最佳素材，代表未受污染的南半球热带丛林图案及强调地域性文化的图案亦成新宠，印有或织有植物、动物等纹样，甚至树皮纹路、粗糙起棱的面料都异常走俏。在服装造型上，人们摒弃了传统对于服装的束缚，追求一种无拘无束的舒适感。休闲服、便装迅速普及，内衣外观化和"无内衣"现象愈演愈热，此也充分说明了经济因素对服装审美价值变迁的影响。

思考与练习

1. 了解服装审美变迁的思想和政治、科技和文化因素，并举实例说明四种因素对审美变迁的影响。

第八章 服装艺术创作风格

- 第一节 服装艺术创作的含义
- 第二节 服装艺术创作的方法和风格

学习目标

1. 了解服装艺术创作的意义。
2. 掌握服装艺术创作的风格。

第一节　服装艺术创作的含义

一、艺术创作的含义

艺术家以一定的世界观为指导，运用一定的创作方法，通过对现实生活观察、体验、研究、分析、选择、加工、提炼生活素材，塑造艺术形象，创作艺术作品的创造性劳动。艺术创作是人类为自身审美需要而进行的精神生产活动，是一种独立的、纯粹的、高级形态的审美创造活动。艺术创作以社会生活为源泉，并不是简单地复制生活现象，实质上是一种特殊的审美创造。艺术家是艺术创作的主体，其生活积累、思想倾向、性格气质、艺术修养是艺术创作得以顺利开展和最终完成的基础和前提。

艺术创作的含义

艺术家创作艺术作品，总是从特定的审美感受、体验出发，运用形象思维，按照美的规律对生活素材进行选择、加工、概括、提炼，构思出主观与客观交融的审美意象，然后再使用物质材料将审美意象表现出来，最终构成内容美与形式美相统一的艺术作品。

艺术创作的动机，大致有以下四大类：泄情动机、兴趣动机、成就动机、私欲动机。在各种各样的创作动机中，只有符合艺术创作活动的审美性质和规律的，才能创作出真正的艺术作品。艺术创作与艺术欣赏、艺术批评彼此制约，有着紧密的联系。艺术创作是艺术欣赏和艺术批评的基础和前提，为欣赏和批评生产对象。没有艺术创作，就没有艺术作品，也就没有艺术欣赏和艺术批评。艺术欣赏和艺术批评对艺术创作又具有反作用，具体表现为艺术欣赏以"消费"的形式刺激艺术"生产"，从"消费"方面赋予艺术"生产"以切实的社会价值和功能；艺术批评则从理论上指导、影响艺术创作，从而沟通创作与欣赏的关系。艺术创作是十分复杂、艰巨的精神劳动，它要求艺术家必须具有高尚的思想情操、深厚的生活积累、丰富的审美经验、出众的艺术才能和娴熟的艺术技巧。

艺术创作与时代生活之间的关系，以西方现代艺术为例，艺术创作是艺术真实情感的有意识表现，这就决定了艺术与社会生活不可分离。在历史和社会中的人类情感，大都是社会矛盾的产物。所以它的表现，都带有发现问题和揭露矛盾的性质。当然艺术家未必自觉到这一点，他们往往只是渴望并努力说出自己的真实感受。这项把情感转化为可以视听的形式的工作，实际上也就是把个人的东西转化为社会的东西的工作。主观体验变动不居、不可以重复，它只能属于个人。一旦它被固定化，就有可能同时引起许多人的体验并影响他们的思想和行为，从而成为一种改变客观现实的实际力量。历史的动力是人类创造世界的劳动。艺术创造是作为创造性劳动的一部分，作为在物质生产的基础上进行的精神生产而作用于历史进程的。

从历史上来看，艺术的觉醒往往是社会思潮发生变迁的先声。大的方面如达·芬奇、米开朗基罗、莎士比亚的创作，先于启蒙运动的兴起；小的方面如克尔凯廓尔、陀思妥耶夫斯基和卡夫卡的创作，先于存在主义的流行。从可以严格考察的历史时代起，几乎没有一种新思想不曾先期在艺术中得到表现。远在现代物理学的时空观向经典物理学的时空观做出强有力的挑战以前，现代派绘画就已经以类似的时空观念向古典现实主义的时空观做出强有力的挑战了。不仅如此，现代派画论向中国古典美学的靠拢，也十分恰当地预示着现代物理学向古代东方哲学的靠拢。

历史在飞快地前进，并不停留下来等待人们下结论，而当结论出来的时候，它往往已经过时了。在这个过程中，文化、思想领域那些革命性的突破都是由于新问题的提出，而不是由于已被承认的理论结论的推行。相对于理性结构而言，感性动力的一个最主要的优越性就是使选择保持开放。因为理性如果不引导思维遵循一个单一的普遍原理和一种单一的通用方法，不接受任何特殊事实上假设和谋求任何统一认识，它就不可能形成结构体系。这一切原理和法则作为思想的构架都是有用的，如果没有感性动力注入一种深刻的怀疑精神和批判精神，我们自己的思想构架也就会成为束缚我们思想的罗网。相对于科学与哲学而言，艺术更多地依靠感性而不是理性。所以当科学家和哲学家还在解释既成的现实现象时，艺术家已经在提出新的疑问了。

艺术的生成，也反映出"人"的生成。如所周众，人之所以为人，是从他不是把自己作为大自然的一部分，而是把大自然作为自己的对象，按照自己的观念和需要进行加工改造的时候开始的。也就是说，人之所以为人是从他把自己作为自由的主体从自然必然性的支配下解放出来的时候开始的，这个过程在原始艺术中得到了完整的反映。古神话、陶器、建筑物，洞窟壁画中出现的人的形象，往往是和动物结合在一起的。或人面蛇身，或人面鸟身，或人面狮身……都无不是从人到动物的过渡的象征。约两万年前法国西南部洞窟出土的象牙雕刻的少女头像，外形上固然具有人的特征，但那强烈的野性却使得它更像动物。乌斯宾斯基笔下的佳普什金，甚至因为看到这个雕像，才发现自己是一个"人"，才发现自己应当像"人"一样的生活，并被当作"人"来对待，这不是偶然的。所以艺术和社会生活的密切关系，并不意味着社会的繁荣必然导致艺术的繁荣。从历史上看，情况往往相反，往往现实生活愈是黑暗痛苦，理想主义愈是强烈鲜明，人类的情感也愈是炽热和深沉，因而艺术也就愈是发达。所以在历史上，艺术的发展并不总是和经济的发展相平行的。中世纪欧洲的艺术水平，大大低于荷马和菲狄亚斯的时代，社会发展了，艺术反而没落了。17世纪的荷兰，经济正在欣欣向荣，而伦勃朗后继无人。18世纪最优秀的作品出现在最野蛮的德国。19世纪的俄罗斯，是当时经济最落后，政治最黑暗的国家，而俄罗斯文学的辉煌成就，远远超过了当时的任何最先进的工业国。历史上那些最伟大的艺术家们的命运，例如屈原、司马迁、杜甫、伦勃朗、凡·高、米开朗基罗、贝多芬、曹雪芹等人的命运，都是非常之不幸的。正是这种不幸，孕育了他们的艺术。正如韩愈所说，文章是"穷而愈工"，现实的社会生活绝不是艺术家的敌人。它造成痛苦和失望，但对于艺术激情的产生来说，这恰恰是必要的准备。

社会生活对艺术创作的第一个阶段有着最直接的影响。最典型的例子是欧洲17世纪的荷兰小画派和唐宋时期的人物画，都是艺术家观察生活和忠实地表现生活的范例，画面上都带有鲜明的时代印记，对当时的生活场景做了最真实生动的记录，表现了人对世俗生活的热爱。艺术发展到现代阶段，从造型手段上往往较含蓄，甚至带有很多非写实的因素，但是丝毫没有削弱艺术家对社会生活的体验。比如毕加索的《格尔尼卡》和达利的《大战的预感》表现的都是当时战争的消息对艺术家的情感最真实的冲击。另外社会生活的积累也是一个艺术家的修养中不可缺少的部分，丰富曲折的生活体验是艺术创作的基本材料和前提条件。往往涉世的深浅，会直接影响到看问题的深刻程度，这种思想深度与文化修养则直接决定艺术作品的格调与品位。

二、服装艺术风格的成因

服装艺术风格的形成有主观与客观两种原因。主观原因是服装艺术家个人的出身、经历、修养、习惯、才智、世界观、审美情趣等。客观原因是艺术家所处的社会历史条件与他所生活的具体环境。主观原因与客观原因交融着发挥作用,存在决定意识,环境对性格形成产生着重大影响,反过来讲,性格决定命运,人有什么样的性格,就会使适应这一性格的机遇发挥作用。主观原因是服装艺术家风格形成的内因,客观原因是服装艺术家风格形成的外因。

服装艺术家的出身对其风格的形成具有重大作用。安东尼奥·卡斯瓦斯·德尔·卡斯蒂洛(Antonio Canovas del Castillo)出身贵族,对上流社会的生活比较熟悉,他的行为举止也因此带有绅士风度。他的服装作品优雅、端庄、秀丽,富有宫廷品位与沙龙情调,这种风格就是其贵族血统的外化,要他追求平民感觉是很难的事。从一定意义上说,出身是服装艺术风格形成的先天要素,有些活跃的艺术家阅历丰富,其创作风格与出身似乎没有关系,更多地带有后天痕迹,但是如果认真地研究起来,总会发现蛛丝马迹,叛逆并不彻底。

师承关系对服装风格的形成具有导向作用。服装艺术家在成熟之前总有一个学习与摸索的过程,从模仿到创新是一个必须经历的阶段,无论是直接师从或者间接师从,内容都是前人的经验。我国知名的服装设计师张肇达是我国时装设计界的领军人物,他将绘画、电影、音乐等艺术形式与服装元素进行解构设计,借鉴现代西方的服装表达技巧,结合中国服装的灵魂,缔造国际化的中国高级时装。他设计的时装现代、舒适、华丽、精致而又不失典雅的气息。工作里,他每年都要旅行,寻找时尚的灵感,把握流行趋势。他设计的作品显露在世人眼前,展示了一位时尚才子的天才与灵气。

社会各种思潮是服装艺术家风格形成的成因背景。能够影响服装艺术家创作思想的要素非常复杂,面对某一思潮,设计者是顺应,还是悖逆,具有选择性,是主观因素与客观因素相互作用的结果。背景要素是时空统一体,同样的亚文化环境,时代变了,背景要素也会很快变化。

在当代社会,人们的绿色意识在日益强化,工业文明对自然环境的破坏,使人们发现了它不文明的一面,保护生态环境,热爱我们生存的地球,成了社会关注的重大课题,自然美成了人们向往的理想。这就是服装界许多田园风格作品问世的根本原因,人们对现实失望了,也会产生怀旧心理,高扬古风成了非常流行的追求。

第二节　服装艺术创作的方法和风格

一、服装艺术的古典风格

所谓"古典主义风格",主要指具有古典主义特征的合理、单纯、适度、制约、明确、简洁和平衡的艺术作品风格。古典主义的现代服装设计,其总体风格同样是反装饰的,它没有过分的花哨和惊世骇俗，追求对于人体美好的展现，强调理性和纯洁并力求完美，而这种完美性正如黑格尔所言是"植根于内在的自由个性与这种个性借以显现的外在存在之间的彻底的互相渗透。"

创作方法和风格

古希腊和罗马服饰是古典主义的服装之源。服装中的古典主义风格源起于古希腊。古希腊的服装和雕塑一样，强调对人体自然美好的推崇。它一般属于块料型，大多不用缝纫，以各种形状和品种的材料披覆和包缠在身上，用别针、金属扣或腰带等固结或系结，充分表现了人体的自然之美。基同和希玛申是希腊服装的基本形式。缕缕下垂的衣褶使人联想到希腊柱式的特点：贯通柱身的条条凹槽在阳光照耀下显出优美的明暗变化与层次，所不同的是希腊人衣身上的褶纹随着人体的动作会不断的千变万化，更富有活动的韵律和节奏。

受到新古典主义艺术思潮的影响，在18世纪女服的样式和整体风格开始有了较大的转变，裙撑变得越来越小直到完全消失，服装趋向于自然、柔美，烦琐装饰也随之消失，洛可可风格也就此宣告衰落。在20世纪90年代的最后几年里，女服中古典主义倾向更加显著，完全露出自然的身体曲线。

19世纪拿破仑一世时期的帝政风格服装是新古典主义的典型映射。女装塑造出类似拉长的古典雕塑的理想形象。此时的服装具有明显转折的袒领、短袖，裙长及地，用料轻薄柔软，色彩素雅，装饰很少。裙装自然下垂形成了丰富的垂褶，对于人体感的强调与古希腊服装非常相似。裙以单层为主，后又出现采用不同衣料、不同颜色的装饰性强的双重裙，并把前中或后身敞开，露出内裙。男装也趋向简洁和整肃。

在20世纪时装设计中，有很多具有明显的古典主义因素的泛古典主义服装。古典主义被宽泛地引申为最佳的、第一流的、有公认而无可争议之价值或地位的风格。古典主义服装常指那些符合传统而不那么时髦花哨的、不前卫的、非最新款式的衣饰。古典主义服装又可以分为窄义和广义的古典主义风格。

1.窄义的古典主义风格服装

主要指继承了或在较大程度上受到古希腊或罗马服装或帝政风格影响的作品。维奥妮、格蕾、伏契尼和玛丽·麦克菲登等20世纪前期的部分设计作品堪称是其典型代表，他们的风格相对稳定，带有浓郁的古典雕塑风格和强烈的唯美主义倾向。而21世纪初因为雅典奥运会的举办，在一些服装设计中也明显可见到对于古希腊传统的继承。

2. 广义的古典主义风格服装

一般指任何具有简洁单纯的构思、典雅端庄的效果、稳定合理设计的服装作品。它们也可以被更加确切地形容为古典的或者是经典的。女装中此类风格的代表如夏奈尔和瓦伦蒂诺的套装、巴伦夏加和詹姆斯的比较简洁的晚礼服。就男服而言，英国式的西服经常被形容为古典的，如保罗·史密斯强调合身的裁剪、精细的做工、上乘的面料、沉稳的色彩，穿着搭配一丝不苟，并把装饰降低到最低限度，而这种传统可以上溯到19世纪初布鲁曼尔所倡导的纨绔子弟风格。特别是在女装方面，以自然简单的款式，取代华丽而夸张的服装款式，排除了受约束、非自然的"裙撑架"等（图8-1）。

▲ 图8-1 古典风格

二、服装艺术的梦幻风格

梦幻风格的服装带有理想主义色彩，表现着一种神奇、猜度、自由、浪漫的非现实感觉。有时梦幻风格流露的是对现实失望者的自我迷醉，有时透露出宗教主义者的神秘莫测，有时显露出未来主义者的无限畅想。这类服装与生活的距离都比较远，不愿意融入主流社会，用幻想代替现实，用避世来代替入世，用非理性来代替理性，用个人化来代替社会化。梦幻风格的服装款式有时比较怪诞，但是又没有嬉皮服装的躁动，是宁静的梦。

梦幻风格是一种形象说法，不是一个非常准确的概念，只是为了理解上的方便。梦幻风格比较浪漫，经常出现在服装表演的舞台上，配合着灯光与音像，容易创造出奇幻意境。梦幻风格服装反映的是理想主义格调，展示着一种奇幻、猜度、非现实的感觉，或是表现对现实失望者的自我迷醉，寻找沉迷后的"幻视"，它在服装上反映出来并不奇怪。从本质上说，梦幻风格有一种否定现实追求理想状态的趋势，与其产生的原因相联系，它有两种类型。

第一种是未来型的梦幻作品。这类服装充满诱人的想象，有科幻感觉，视觉冲击力强。科学幻想是基于科学的，所以这类作品不像热抽象艺术那样以紊乱来刺激视觉，而是在造型要素有序排列中追求奇特效果。新材料常常会给未来型梦幻服装带来创作机会，如果面料本身的光、色、质感非常有个性，设计师就可以顺势将其典型化，起到锦上添花的作用。第二种是宗教型的梦幻作品。与未来型不同，这是一种远避现实，努力走向人类内心的追求，服装本身不事张扬，但是有品位深度。这种类型的作品有一定的神秘色彩，甚至有幽灵般的感觉（图8-2）。

三、服装艺术的抽象风格

抽象风格是现代艺术中一个引人注目的流派，它否定了具象艺术，淡化了艺术模仿生活

▲ 图8-2 梦幻风格

的痕迹，用形式直接诉诸人的精神，使各种意义符号化，使美趋近于简化，图形和色彩的概括性把形式的审美价值提高到了登峰造极的程度。人类艺术在写实与写意此起彼伏的潮流中发展着，现实主义与浪漫主义各有自己的巅峰装状态，20世纪是艺术进行各种试验、人们反传统的意识最为强烈的时期，随着创造技法的发展，艺术符号经历了千百年的进化，逐渐成熟并发达起来，形式本身的独立审美价值展示在世人面前，形式主义摆脱了生活真实与心理真实，独自走进缪斯殿堂，抽象概括能力成为一种新的创作本领。

多年来都有时装品牌先后在时装上印上大师名画图案，创造抽象的艺术风格。Saint Laurent、Marni、Prada等多个超级名牌，服饰都免不了沾上水彩油画色彩。虽然众品牌在设计上各具特色，但所选用的油画图案都偏向抽象色彩，包括印象派风格的抽象花卉图案油画。某品牌掌舵人斯特凡诺·皮拉蒂（Stefano Pilati）将美国著名画家赛·托姆布雷（Cy-Twombly）的著名泼墨及胡乱潦草画作，变成色彩缤纷的抽象图案制作了多款裙子。Marni和Galliano比圣罗兰还要早一步推出艺术油画色彩的服饰。Marni继秋冬充满童真色彩的粉彩画图案后，推出了表现主义和印象派风格的花卉图案，印在招牌式的阔身裙子上（图8-3）。

四　服装艺术的职业风格

职业风格的着装对象主体是白领阶层，源于工装，超越工装，是一种有职业感觉的主体审美状态，它表现在有品位追求的职业装与有职场特征的生活装中，是工作与生活一体化的表现。这类服装作品大都比较干练，有阳光特色，设计符合安全、适用、美观、经济的基本原则。职业服装本身的形式美法则与日常服装同样运用点、线、面、色彩、材料质感、缝制工艺、服饰搭配等设计要素相互产生统一与变化、对称与非对称、平衡与节奏等艺术风格上的美感。职业服装整体性与工作环境的谐调性是其审美性的另一特征，是在满足单件服装的审美性要求之外，在群体穿着时与特定环境共同所形成的谐调美、整体美。整体审美性可以

▲ 图8-3　抽象风格

更大限度地提高企业、团体的文化品位，这一点在设计时，应从宏观上对服装造型、色彩、材料等设计元素加以把握和控制。

　　职业风格有两个显著特点。首先是简洁。形式参与要素比较少，装饰的面积比较小，使用起来谨慎，强调感觉的整体性。职业风格突出功能主义创作方法，适应写字楼里的活动。形式简洁为主体内涵的表现提供了机会，外饰细节不会抢夺视觉注意。其次是力量。职业风格的服装一般比较严肃，颜色偏冷，直线条多，款式也不夸张，表现在女装上，有比较明显的男性化特征，暗含妩媚。

　　职业风格是二战以后发展起来的。战中和战后的一段时间里，英、美两国实施纤维和面料的配给制度，华丽的服装被禁止，人们似乎又回到了实施奢侈禁令的中世纪，只要实用，不要艺术，着装对工作有利就行，与生活品位无关。即便是在这种情况下，设计师们的审美天性还是推动着他们寻找表达审美感受的机会，莫利努的"实用装"，有效地利用了配给的面料，虽然被追求美的女性们称作"无味的服装"，但是这类款式加了垫肩，臀部窄小，衣长裙短，已经透出了现代职业风格的力量感。

　　职业风格的着装主体是白领阶层。知识经济的发展，使包括智力产业在内的第三产业已经超过制造业，发展为社会第一经济支柱。公司职员的队伍越来越庞大，许多蓝领员工在机电一体化的环境里工作，通过自动装置控制生产，不直接进入操作过程，也被称为"灰领员工"，也可以被看成是白领阶层的边缘部分。这种队伍的日益壮大提高了职业风格服装的地位，使其成为举足轻重的审美时尚。

　　著名服装设计师赫斯顿（Heston）对现代职业女性的生活十分熟悉。他发现20世纪60年代以前，时髦的妇女喜欢用穿戴来显示财富。而后来则有了显著变化，她们白天不再标新立异，而是希望与其他人有认同感，大众化的服装非常容易使她们融入社会，穿着上要讲求轻便舒适，不要招致别人异样的眼光，适应这种心理变化，赫斯顿在成衣、雨衣、连衣裙、饰物、鞋子、珠宝、香水、皮件等方面都取得了成功。

职业风格与休闲运动风格开始并驾齐驱，频繁出现在时尚前沿的舞台。特别需要指出的是，与"大刀阔斧"的总体风格改变相比，设计师们更喜欢从小处着眼，以局部征服整体，职业化的风格元素只是体现在纽扣、领子、腰带、袖口等细节的处理上（图8-4）。

近年来，军装款式成为我国女性最流行的服装样式，在秋冬女装市场上，军装元素更是大放异彩，除了吸引人的造型，符合女性职业风范也是其流行的一个因素，一条极有线条感的腰带往往更彰显女军官的干练本质。军服意味翻领、束腰不仅显出女性身材，而且又显得端庄、优雅，这类服装是上班族衣橱里的必备。领子上以不对称处理，使服装整体上除了有朝气外，还透出某种时尚气息。女式军装有了腰带穿着就显得干练。列宁服是小翻领，双排粒扣，紧袖口。

▲ 图8-4 职业风格

职业服装的色彩不宜过于夺目，以免干扰工作环境，影响整体工作效率，应尽量考虑与办公室的色调、气氛相和谐，并与具体的职业分类相吻合。坦露、花哨、反光的服饰是办公室服饰所忌用的，服饰款式的基本特点是端庄、简洁、持重和亲切。服装款式应注重整体和立体的职业形象，注重舒适、简洁、得体，便于走动，不宜穿着过紧或宽松、不透气或面料粗糙的服饰。正式的场合仍然以西服套裙最为适应，较正式的场合也可选用简约、品质好的上装和裤装，并配以女式高跟鞋（图8-5）。

职业女性着装的原则：

① 不能过分花哨，夸张的款式绝对要避免，极端保守的式样，则应掌握好配饰、点缀使其免于给人死板之感。若是将几组套装作巧妙的搭配，不仅是现代化的穿着趋势，也是符合经济原则的装扮。

② 裁制手工、外形轮廓要精致，女性在选择套装时一定不要忽略面料、制作工艺。

③ 职业女性生活形态非常活跃，要懂得如何以巧妙的装饰来免除更衣的问题，是现代职业女性必须明了的，在出门前，最好先略作安排以做万全之计。

④ 适当的时间、地点及场所做合宜的装扮是现代女性不可忽视的。职业女性还必须注意，除了穿着注意应该考究以外，从头至脚的整体装扮也应讲究强调"整体美"。

▲ 图8-5 职业服装搭配

思考与练习

1. 了解服装艺术创作的意义。
2. 掌握服装艺术创作的四种风格,并且能够根据其风格特点,做出相应风格的服装搭配。

第九章　中国服装美学体系

- 第一节　中国传统服装美学
- 第二节　中国历代的服装美赏析

学习目标

1. 了解中国传统服饰文化的意涵。
2. 掌握中国历代的服饰美特点。

第一节 中国传统服装美学

一、中国传统服饰的意涵

　　服饰作为一种文化形态，贯穿了中国古代各个时期的历史。从服饰的演变中可以看出历史的变迁、经济的发展和中国文化审美意识的嬗变。无论是商的"威严庄重"，周的"秩序井然"，战国的"清新"，汉的"凝重"，还是六朝的"清瘦"，唐的"丰满华丽"，宋的"理性美"，元的"粗壮豪放"，明的"敦厚繁丽"，清的"纤巧"，无不体现出中国古人的审美设计倾向和思想内涵。服饰是一种文化的现象，中国传统的服饰文化是中国传统文化的一个重要的组成部分。数千年中国的传统服饰文化历经了以原始社会为基础的"自然形态"时期、以阶级社会为基础的"制度形态"时期和以阶级存在社会为基础的"自由形态"时期三个发展阶段。

　　服饰除了满足人们物质生活的需要，还代表着一定时期的文化，是人类文明的标志。服饰经历了"草、叶裙围""兽皮披""早期织物装"，到"布帛衣裳"以至于现代科技产品服装时代。服饰的用材、加工技术、款式与色彩色调，取决于那个时代社会生产力的发展水平，受当时的科技水平、认识能力、社会经验以及物质生活基本条件的影响。反映着人们的思想变化、宗教信仰、审美观念和生活情趣，因此服饰是特定的文化现象。

　　中国的服饰制度在形制、色彩、纹饰等方面有一定的规范，体现了国家礼仪传统和民俗习惯对服饰制式的统治。中国两千多年的封建社会，形成了以汉民族为传承的中华特有的服饰传统。"三礼"(《周礼》《礼仪》《礼记》)记载了等级森严的服饰礼仪制度，从而形成了中国服制的一整套传统做派，具有独特意义的着装理念。中国传统服饰制度的本质，主要受中国人文哲学思想的影响而形成的，深具内在的精神意涵。

二、中国传统服饰特点

　　中国传统服装有两种基本形制，即上衣下裳制和衣裳连属制。上衣下裳制，相传起于传说中的黄帝时代，《易·系辞下》载："黄帝、尧、舜垂衣裳而天下治，盖取诸乾坤。"这一传说可以在甘肃出土的彩陶中，得到印证。这可以说是中国最早的衣裳制度的基本形式。上衣下裳的服制，据《释名·释衣服》载："凡服上曰衣。衣，依也，人所依以避寒暑也。下曰裳。裳，障也，所以自障蔽也。"上衣的形状多为交领右衽，下裳类似围裙的形状，腰系带，下系带，这种服制对后世影响很大。衣裳连属制，古称深衣，始创于周代。《礼记·深衣》注称："名曰深衣者，谓连衣裳而纯之以采也。"深衣同当代的连衣裙结构类似，上衣下裳在腰处缝合为一体，领、袖、裾用其它面料或刺绣缘边。深衣这一形制，影响于后世服饰，汉代命妇以它为礼服，古代的袍衫也都采用这种衣裳连属的形式，甚至现今的连衣裙也是深衣制的沿革。中国传统服装在历代的演变。

1. 夏商周时期的华夏服饰

夏商周时期，中原华夏族的服饰是上衣下裳，束发右衽。河南安阳出土的石雕奴隶主雕像，头戴扁帽，身穿右衽交领衣，下着裙，腰束大带，扎裹腿，穿翘尖鞋，这大体反映了商代服饰的情况。周初制礼作乐，对贵族和平民阶层的冠服制度作了详细规定，统治者以严格的等级服装来显示自己的尊贵和威严。深衣和冕服始于周代，这两种服制，对后世都产生了深远的影响。

2. 春秋时期胡服的出现

春秋战国时期在服装方面最重要的变化，是深衣的广泛流行和胡服的出现。春秋战国时期的战争促进了汉族宽衣博带、长裙长袍服装的改革。赵武灵王为了提高军队的战斗力，冲破阻力，下令全国穿游牧民族的短衣长裤，学习骑射，终于使赵国强盛起来，这是中国历史上第一次服装改革，胡服从此盛行。伴随胡服也传来了带钩，它是用于结束革带的，由于它比革带的扎结方式更加便捷，因而很快就流行起来。胡服是指中国北方游牧民族的服装，他们为了游牧骑马的需要，多穿窄袖短衣、长裤和靴子。沈括说："中国衣冠，自北齐以来，乃全用胡服。"一个"全"字，或者把话说得有点过分，但胡服对汉族服饰的发展确实影响巨大。

3. 传统冠服制在汉代的确立

汉代深衣仍很流行，汉代是传统冠服制的确立时期。汉代的裤是开裆的，裤，古称绔。《说文》："绔，胫衣也。"《释名·释衣服》："绔，跨也，两股各跨别也。"由此可见，当时的绔是开裆的，外罩以裳或深衣。后虽然出现满裆裤，但开裆裤仍长期存在。

4. 魏晋南北朝时期胡服的流行

魏晋南北朝时期，是中国古代服装史上又一个大转变的时期。由于大量少数民族进入中原地区，胡服成为社会上司空见惯的装束，一般平民百姓的服装，受胡服的影响最为强烈。他们将胡服中窄袖紧身、圆领、开衩等因素吸收到原有的服饰中来。汉族贵族也在胡服的基础上加以变化，方法是将其长度加长，加大袖口和裤口，改左衽为右衽（图9-1）。

▲ 图9-1 南北朝服装

5. 辽、金、元时期的服饰既沿袭汉人的礼服制度，又具有本民族的特色

辽、金、元时期的服饰有一个共同的特点，既沿袭汉唐和宋代的礼服制度，又具有本民族的特色。辽金男子的服饰多为圆领、窄袖短襦，着长统靴或尖头靴，下穿裤，腰间束带。元代男子的服饰有汉族的圆领、交领袍，也有本民族的质孙服，其形制与深衣类似，衣袖窄瘦，下裳较短，衣长至膝下，在腰间有无数褶裥，形如现今的百褶裙，在腰部还加有横襕。领型有右衽交领、方领和盘领。下穿小口裤，脚穿络缝靴。服色以白、蓝、赭为主。此外，元代服饰在质料上发生了较大变化，由于棉花的广泛种植，棉布成为服饰材料的主要品种。

6. 明代的服装继承前代，清代服装对近代影响较大

明代的服饰，大体上沿袭唐制，但宋元服装形式中的某些式样也有保留。清代男子服饰可分为三种：汉族传统服装；满族服装；外来西洋服装。清代袍的式样，是在汉族传统基础上加以变化，并吸取满族服装特点。一般袖子比较窄瘦，礼服是箭袖，又称马蹄袖。袍身用纽扣系结。右衽大襟，圆领口。皇室的袍有前后左右四开气，而士庶男子只能在左右开气。马褂是清朝特有的服装。它式样多为圆领，有对襟、大襟、琵琶襟等式样，有长袖、短袖、大袖、窄袖之分，但均为平袖口。直到清末西洋服装传入和辛亥革命后，中国的服装才有了重大变化，进入了近现代服装发展阶段（图9-2）。

▲ 图9-2 清代服装

三 中国古代妇女服装

1. 汉魏时期已带有明显的女性化特点

妇女服装向来是服装中变化较大的部分，中国妇女的服装分为礼服和常服两种。上古三代，妇女服装与男子服装基本相同，仅在材料和纹样上有差异。汉代妇女的礼服是深衣，而常服则是上衣下裙。裙裳形制相似，而专称女子的下裳为裙，表明当时裙已带有明显的女性装饰特点。魏晋南北朝时期，由于受少数民族服装的影响，妇女的服装由宽衣博带变为窄袖紧身，并继续发展了汉末以来的"上俭下丰"趋势，即上衣变得短小，而裙腰越来越高，加之下着厚底的重台履，突出体现了女性下体的长度，给人以修长之美感。

2. 唐代的女装比较开放

唐代的女装，主要由衫襦、裙、帔帛三件组成。唐初盛行窄袖衫襦和长裙，肩上披有类

似长围巾的披帛。盛唐时，还流行一种袒胸大袖衫襦，为贵族妇女的服装。其特点是不穿内衣，裙腰高至乳房之上，以大带系结，从而袒露胸部。大袖衫襦的对襟，以纱罗等轻薄制品为面料。所谓"绮罗纤缕见肌肤"，正是对这种服装的真实写照，这与当时的思想开放有着密切关系。唐代妇女以体态丰腴为美，因而服装也渐趋宽大（图9-3）。

▲ 图9-3　唐朝女装

3.宋代的女装趋于保守

宋代妇女的服装，除北宋曾一度流行大袖衫襦外，窄、瘦、长、奇便是这时妇女服装的主要特征。此时的衫襦式样较多，有圆领、交领、直领、对襟等，袖口窄小，下摆左右两侧有较长的开气。总的来说，宋代妇女的服装渐趋保守，这与当时的社会状况和程朱理学思想的影响不无关系（图9-4）。

4.明代的女装以淡雅朴素为尚

明代妇女的服装，基本上沿袭唐宋，但衣裙的长短各时略有不同。明初盛行窄袖衫襦、长裙、褙子，但礼服仍要穿大袖衫。中期盛行大袖长衫襦，裙则变短。

5.清代满、汉女装各有特点，并且相互影响

清代满族妇女的服饰，一般是穿旗袍，外罩马甲，穿高跟在脚心的花盆底鞋。后期，满汉妇女装束相互影响，各自都有明显变化。清代妇女服装仿效中心几经变更，乾隆时以苏州为中心，嘉庆时以南京和扬州为中心，后又以上海为中心。辛亥革命后，服饰禁锢被打破，加之西洋服饰工艺的传入，妇女的服装才产生了新的变化。

▲ 图9-4　宋代女装

四　中国古代妇女的梳装

古代妇女的梳装，包括发式、化妆和首饰三大部分。

1.古代妇女的发式

发式是人类最重要的装饰形式之一，发式与服饰的协调，能构成人物外表的整体美。

中国古代发式可分为三大类型：披发、结发、辫发。笄，即簪，早在新石器时代就已出现，从那时起，人们已开始由披发到梳理。笄的用途有两种：安发、固冠。应用于古代男子和妇女的发饰中。不仅如此，笄还是古代妇女是否成年婚嫁的象征。上古三代，中国妇女的发式较为简单，饰物不多。秦汉以后，发饰日趋复杂，从此，妇女髻式就成为重要装饰内容。历代著名的髻式有堕马髻、包髻、九鬟望仙髻、双髻、同心髻、高髻、宝髻、花髻、大拉翅等。

2.古代妇女的化妆和首饰

妇女的基本化妆品为眉黛、粉、胭脂和花钿。眉黛是供画眉用的，妇女画眉见于记载始于春秋战国，《楚辞·大招》中有："粉白黛黑施芳泽只"之句。只是古时女子画眉多拔去真眉，以所画假眉代之。黛的颜色除用黑外，还有绿色，古称翠眉。翠眉起于先秦，兴盛于南北朝。唐代开始流行黑眉，这与杨贵妃的提倡有关，所谓"一旦新妆抛旧样，六宫争画黑烟眉"。总之，古时女子画眉崇尚人工美，这与现代妇女崇尚自然美是不同的。古代的粉，最初是用米碾为粉制成，或加之以红色，用以敷面。到夏商周时，才出现了以铅为原料的白粉和以红蓝花、苏木等原料制作的胭脂。胭脂又称燕脂、焉支、燕支。古时把胭脂制成膏汁、粉类，还涂于纸或浸于丝绵，制成胭脂纸和胭脂绵，以便涂颊或用为唇脂。花钿，又称花子、媚子，一般用金箔、纸、鱼骨、蜻蜓翅膀制成各种形状的饰物，将其贴于额间、鬓角、两颊或嘴角。《木兰辞》"对镜帖花黄"中的"花黄"，古诗"眉间翠钿深"中的"翠钿"，均指的是花钿。古时妇女的首饰包括笄、钗、步摇、梳等。此外，还在耳、手、指上分别戴有饰物，分别称珥挡、钏镯、指环，但最初这些饰物的戴法和作用与现在不同（图9-5、图9-6）。

▲ 图9-5 钗的图片

▲ 图9-6 珥挡图片

传统总是在对已有传统不断突破中求得前进与发展，是在取人之长、补己之短、扬己之长中求得新生。每当一个传统形成的同时，又孕育着更新的传统来突破其身。在传统服装前行的过程中，流行为其注入了新的生命力，使传统服装不断地发展变化，同时服装流行具有了周期性。因此在几年，几十年乃至更为久远年代前流行过的传统服装，也许最近又开始拉开了流行的序幕，然而，这次的亮相，绝不是以前的翻版，它是以一种崭新的姿态，并注入新的流行气息，重新走向服装舞台的，这也许就是流行对传统服装最深刻的影响。

第二节　中国历代的服装美赏析

一、先秦时期的服饰

先秦时期典型的服饰是深衣，发展到汉代，成为曲裾袍（图9-7）。曲裾袍是汉代男女都穿的一种流行服装。它的特点是采用较低的交领，穿的时候要故意露出里面所穿衣服的几层不同的领子。

▲ 图9-7　曲裾袍

中国历代服饰赏析1

二、秦汉时期的服饰

秦汉时期的典型服饰一种是身穿长襦，外披彩色花边的前胸甲（由整片皮革构成），腿上裹着护腿，足穿方口齐头翘尖履，头戴双板长冠，腰际佩剑；第二种是身穿高领右衽服，外披带彩色花边的齐边甲，腿缚护腿，足穿方口齐头翘尖履，头戴双板长冠（图9-8）。

三、南北朝服饰

魏晋时期的男子一般都穿大袖翩翩的衫子，他们将胡服中窄袖紧身、圆领、开衩等因素吸收到原有的服饰中来。汉族贵族也在胡服的基础上加以变化，方法是将其长度加长，加大袖口和裤口，改左衽为右衽。这种衫子为各阶层男子所爱好，成为一时的风尚（图9-9）。

▲ 图9-8　军官服

▲ 图9-9　笼冠和大袖衫

四、隋唐五代时期的服饰

襦裙是唐代妇女的主要服式。在隋代及初唐时期，妇女的短襦都用小袖，下着紧身长裙，裙腰高系，一般都在腰部以上，有的甚至系在腋下，并以丝带系扎，给人一种俏丽修长的感觉。男子的常服为幞头、袍衫、穿长靿靴。但此时的袍衫与前朝略有不同，式样为圆领、右衽、窄袖、领袖裾无缘边。此外，还有襕袍衫和缺胯袍衫等式样（图9-10）。

五、宋朝时期的服饰

宋代官员朝服式样基本沿袭汉唐之制，只是颈间戴方心曲领（图9-11）。圆领大袖，施横襕，腰束革带。革带是区别官职的重要标志之一。束时下垂，另一条腰后，缀饰片、方型为主，间以圆型，其数量与质地区别官职大小。襦式样较多，有圆领、交领、直领、对襟等，袖口窄小，下摆左右两侧有较长的开气。

中国历代服饰赏析2

六、辽金元时期的服饰

辽、金、元时期的服饰既沿袭汉唐和宋代的礼服制度，又具有本民族的特色。以长袍为主，男女皆然，上下同制。服装特征，一般都是左衽、圆领、窄袖。袍上有疙瘩式纽襻，袍

▲ 图9-10 妇女服饰

▲ 图9-11 宋代官服

带于胸前系结，然后下垂至膝。长袍的颜色比较灰暗，有灰绿、灰蓝、赭黄、黑绿等几种，纹样也比较朴素。贵族阶层的长袍，大多比较精致，通体平绣花纹（图9-12、图9-13）。

▲ 图9-12 辽代北班服饰

▲ 图9-13 金代贵族服饰

七、明朝时期的服饰

明代上襦下裙的服装形式，上襦为交领、长袖短衣。崇祯初年，裙子多为素白，刺绣纹样，在裙幅下边一二寸部位缀以一条花边，作为压脚。裙幅初为六幅，后用八幅，腰间有很多细褶。明末，裙子的装饰日益讲究，裙幅也增至十幅，腰间的褶裥越来越密，每褶都有一种颜色。腰带上往往挂上一根以丝带编成的"宫绦"，一般在中间打几个环结，然后下垂至地（图9-14、图9-15）。

▲ 图9-14　明代男子便服锦袍

▲ 图9-15　明代襦裙

八、清朝时期的服饰

清代斗篷，无袖、不开衩的长外衣，有长短两式，领有抽口领、高领和低领三种，明清时期，冬季外出，不论男女官庶，都喜欢披裹，但有个规矩，即不能穿着斗篷行礼（图9-16）。

清代宫廷服饰为圆领、右衽、捻襟、直身、平袖、无开气，有五粒纽扣的长衣，袖子形式有舒袖（袖长至腕）、半宽袖（短宽袖口加接二层袖头）两类，袖口内再加袖头。以绒绣、纳纱、平金、织花为多。周身加边饰，晚清时的边饰越来越多（图9-17）。

▲ 图9-16　清代斗篷

▲ 图9-17　晚清刺绣衬衣

汉族妇女服饰仍沿用明朝服装形制，以衫裙为主。乾隆年间以上身着镶有花边袄、衫为主，式样比较宽大，长度一般在膝下。嘉庆、道光以后，镶有花边的衣衫趋于窄小，长度也明显缩短。有的再加一件较长的背心。下身除穿裙外，也有穿裤子的。长袄的特点是在领底及袖口镶有宽花边为装饰，并且不同时期袖子流行的宽窄也不一样，时而流行宽，时而流行窄（图9-18、图9-19）。

▲ 图9-18 清代长背心

▲ 图9-19 清代镶边短袄

思考与练习

1. 了解中国传统服饰及形式美学。
2. 掌握中国历代服饰的款式特点，并能进行系统论述。

参 考 文 献

1. 叶立诚. 服饰美学[M]. 北京：中国纺织出版社，2001.
2. 华梅. 服装美学[M]. 北京：中国纺织出版社，2003.
3. 苗莉，王文革. 服装心理学[M]. 北京：中国纺织出版社，2005.
4. 吴卫刚. 服装美学[M]. 北京：中国纺织出版社，2008.
5. 徐宏力，关志坤. 服装美学[M]. 北京：中国纺织出版社，2007.
6. 李当崎. 西洋服装史[M]. 北京：高等教育出版社，2005.
7. 华梅. 中国服装史[M]. 北京：中国纺织出版社，2007.
8. 王蕴强. 服装色彩学[M]. 北京：中国纺织出版社，2006.
9. 袁仄. 服装设计学[M]. 北京：中国纺织出版社，2006.
10. 邹游，张翎. 服装色彩搭配指南[M]. 北京：中国纺织出版社，2000.
11. 王朝闻. 美学概论[M]. 北京：人民出版社，1987.
12. 朱狄. 当代西方美学[M]. 北京：人民出版社，1984.
13. 春梅狐狸. 图解中国服装史[M]. 江苏凤凰科学技术出版社，2019.
14. 候家华. 服装设计基础[M]. 北京：化学工业出版社，2023.
15. 宋柳叶. 服饰美学与搭配艺术[M]. 北京：化学工业出版社，2019.